Research on Scientific Spirit Cultivation
under the Traditional Culture Horizon

传统文化视阈下科学精神培育研究

梁秀文　著

中国海洋大学出版社

·青岛·

图书在版编目(CIP)数据

传统文化视阈下科学精神培育研究 / 梁秀文著. —
青岛:中国海洋大学出版社,2021.9
ISBN 978-7-5670-2314-7

Ⅰ.①传… Ⅱ.①梁… Ⅲ.①科学精神－教育研究－
中国 Ⅳ.①G316

中国版本图书馆 CIP 数据核字(2021)第 149586 号

出版发行	中国海洋大学出版社			
社 址	青岛市香港东路 23 号		邮政编码	266071
出 版 人	杨立敏			
网 址	http://pub.ouc.edu.cn			
电子信箱	2586345806@qq.com			
订购电话	0532－82032573(传真)			
责任编辑	矫恒鹏		电 话	0532－85902349
印 制	日照报业印刷有限公司			
版 次	2021 年 9 月第 1 版			
印 次	2021 年 9 月第 1 次印刷			
成品尺寸	170 mm×240 mm			
印 张	13.25			
字 数	216 千			
印 数	1～1000			
定 价	68.00 元			

发现印装质量问题,请致电 0633－8221365,由印刷厂负责调换。

前　言

　　中华优秀传统文化博大精深,源远流长,中华传统科学技术曾一度领先于世界。优秀传统文化中蕴含着丰富的有利于科学精神培育的思想内容、思维方式和研究方法,为科学精神培育提供了广阔的前景和无限的可能。科学精神是现代社会的基本价值追求,是文明社会的重要衡量标尺,是民族精神现代化的应有之义。传统文化中的人文精神与科学精神具有共同的价值追求,传统文化视阈下培育科学精神是文化自信时代主题的必然要求。深入挖掘传统文化中有利于培育科学精神的文化特质,既有利于实现传统文化的创造性转化和创新性发展,又有利于在全社会大力培育和弘扬科学精神。

　　文化是人之为人的内在需求,文化是一个国家、民族区别于他者的重要标志。优秀传统文化是经过人民群众的实践检验和历史长河的时间经验,经过大浪淘沙式的择优筛选而保留下来的具有历史传承性、民族性、前瞻性和指导性的文化内容和形式。科学精神作为科学研究和实践活动中最基本的价值观念和行为规范,以求真精神为核心,是理性精神、实证精神、怀疑精神、批判精神、民主精神、自由精神、创新精神等方面的综合。传统文化视阈下培育科学精神,并不是将两个毫不关联的思想和理念强行凝结在一起,二者在科学与文化、科学文化与传统文化、科学精神与人文精神等方面均有交互性,这也成为传统文化视阈下科学精神培育的立论基点和展开依据。

改变当前我国科学精神缺失的社会现状,传统文化和科学精神的关系能不能处理得好始终是一个绕不开的关键问题。传统文化之于科学精神培育,"不利说"认为:中国被誉为一个文明古国,却不完全是一个科技大国,因为"实用理性"致使科学求真精神被遮蔽,儒家伦理中心主义禁锢理性、怀疑精神,致思方式重思辨体悟轻实证精神。"有利说"认为:儒学是中国封建社会的官方意识形态,中华民族的传统科学技术是在儒学的文化背景下发展起来的,儒学和科学是必然会发生相互作用的。中华民族一直具有追求真理的历史传统,传统文化的价值观影响科学研究动机,传统文化提供科学研究的知识基础,传统文化的经学研究方法是重要的科学研究方法。可以说,"有利说"符合当代我国文化自信的时代主题,契合传统文化创造性转化和创新性发展的现实需要,是改变我国科学精神缺失现状的迫切要求,也是迎接世界文化挑战的必然之举。

就传统文化视阈下科学精神培育之必要性而言,全球化背景下的文化交锋、思想碰撞、价值观冲突,迫使每个自觉的民族都要了解、学习、传承本民族的优秀文化。科学精神应成为优秀传统文化的评价标准,是传承优秀传统文化的理性判断,是传统文化现代化的时代要求,也是传统文化自觉自为的价值尺度。当今,民主、自由、法治、理性等价值理念,逐渐成为人文精神的主要内容,成为人们认同并践行的思维方式和行为规范,而这也正是科学精神的主旨。科学精神是塑造中华民族精神的重要内容,也是促使传统价值观转变为社会主义核心价值观的重要保障。

传统文化之所以能够培育科学精神,是因为中国传统文化是世界上唯一没有中断的文化体系,是多元文化形式的集大成者,并且能够吸收、改造源于西方的科学精神。科学精神既然是作为精神状态和思维方式而存在,那么就并非科学家或科学共同体所独有,人文社会学家和社会大众也可以具有科学精神。同样,中华传统文化典籍不但人文、道德、伦理精神显著,而且富有科学精神,以《论语》为代表的优秀传统文化中的人文精神,能够成为培育科学精神的思想基础。传统文化中的致思方式和研究方法均与科学精神相契合，能够在科学精神培育过程中起到积极的渗透和转化作用。

传统文化视阈下培育科学精神，必须落实到路径层面。这既可以检验理论研究之不足，也使科学精神培育不流于口头和形式。培育要在一个广阔的领域和多个层面开展，观念层面要正确处理"道"与"艺"的关系，使科学精神成为"安身立命"的第一需要，成为科学的世界观。实践层面要把传统文化中"形而上"的理念落实到"形而下"的科学事业中，实现科学精神培育的体制化，引导公民参与科学活动，开展科学活动与社会的良性互动。就学术层面而言，以传统文化中丰富的道德意蕴，加强学术道德规范建设，建立科学的学术评价机制，健全学术规范法律法规，建立学术规范监督机构。制度层面上，要以科学精神推进制度创新，在制度建设中的制定、遵守、执行、监督环节中，"一以贯之"科学精神。

传统文化视阈下培育科学精神，融历史视域、时代精神、世界视野于一身，集民族性、时代性、世界性于一体，确立了文化理性精神，具有了不卑不亢的文化气度，成为中华民族文化自信的集中显现，也铺垫了增强、实现文化自信的康庄大道。

目 录

第一章　绪　论

一、选题依据与研究意义

久远传承的中国传统文化,因其独具魅力的思想内容,成为支撑中华民族走到今天的强大精神动力。传统文化是国人饱含深情的文化形式,深刻地影响着国人的价值观和思维方式。当前我国正处于实现中华民族伟大复兴的征途中,迫切需要一种来自历史深处的文化精神予以有力的支持与驱动。保护好民族优秀的传统文化,继承好民族文化之魂,方能凝聚民族复兴之力。而科学精神,是当今文明社会的基本价值追求,与人类社会的物质文明、精神文明、政治文明等密不可分,是判断一个社会文明程度的重要标志。从传承、创新中华优秀传统文化的角度,来思考并致力于当前我国科学精神的培育和弘扬,是实现文化自信的题中之义。

(一)选题依据

1. 历史依据

传统文化源远流长,博大精深,包罗万象,精华与糟粕杂糅互现,"取其精华,弃其糟粕"是对待传统文化的科学态度。新文化运动是中国历史上一场轰轰烈烈的思想解放运动,高举"民主与科学"的文化革命旗帜,破除传统文化中的等级观念和过分倚重道德的评价标准,将斗争锋芒直指以儒家学说为代表的传统文化。彻底否定传统文化的历史底蕴,切断文化的血脉关系,将传统文化排斥于社会主流文化之外,给中国传统文化的现代性转化带来了艰辛和曲折。尽管也有保护国粹的声音,但这种声音太微弱了,很快就被淹没在讨伐传统文化的浪潮中,陷入了四面楚歌的境地。对当时的中国精英们而言,救亡图存的使命压倒了一切,在文化心态上存在着"非此即彼"的二元对立的思维方式,认为以摧枯拉朽之势剿灭了传统文化,中国文化就恢复了"白板一块"的纯洁状态,引入西方的科学与民主,就可以建立起代表先进和发展的高楼大厦。

将西方的科学"拿来主义"之后,科学的面貌和禀性已悄然发生了变化。国人从科学的功用、实用层面来理解科学,在文化心态上把科学理解得过于肤浅、片面、单薄,过分看重其工具理性,而忽视其精神内涵,导致科学精神的阻滞,使得国人对科学精神的真谛理解流于表面。即使随着科学知识的普及,科学的彻底求真、严谨的理性实证、宽容的怀疑批判、自觉的协作民主、积极的创新进取精神等也并未彰显和昌明,进而使得科学精神在启发民智、陶冶情操、培育情怀等方面显得力不从心。

"疑今者察之古,不知来者视之往。"文化是一个民族的精神基因,今天大力倡导和高度评价传统文化,国人的文化心态较之新文化运动时期,显然更加理性平和。反思历史显然是为了文化的未来指向走得更加稳固。今天,随着科普工作的开展,科学精神的培育工作取得了一定的进步,但结果并不能令人满意。今天,完成历史未竟的事业,培育、弘扬科学精神仍是今天的国人亟须补上的一课。

2. 现实依据

中国传统文化经历了由否定到回归,时至今日,人们以新的眼光和标准来评估和审视传统文化,传统文化再次吸引了世人关注的目光,其熠熠发光的优秀文化也得以呈现、弘扬。诚然传统文化存在禁锢个体自由、过分推崇伦理道德的思想文化传统,但其感人至深、可歌可泣的对真善美追求的文化凝聚力,也是支撑国人走到今天的强大精神动力。

就科学精神的培育而言,将西方的科学转化运用到中国,必须准确把握其内涵。在西方,科学至少具有以下含义:其一,以康德的先验论和唯理主义的方法论为基础,以数学原则来转化思想法则,以概念的方式规整经验,使科学具备了理性、实证和逻辑的本质属性;其二,科学体现的是对人的命运的关注和人文关怀,将人从因神学笼罩而导致的凄惶、茫然、不安的世界里拯救出来,还人以安全、稳固、和谐的世界图景;其三,科学是对人的本质力量的肯定和重塑,科学给予人类独立性和创造性。科学是人为的,也是为人的,科学中包含着浓厚的人文主义关怀和深厚的哲学思想基础。

科学不仅是富国强兵、救亡图存的工具,而且是人的价值观、态度、感知事物的方式,更强调对人的心态系统、思维方式、行为方式的根本性改变。不在这个层面上认知、提倡科学,仅仅强调其富国强兵的一面,对社会的改造和冲击不是根本性的。反之,对国民心性、民族性格的改变,以此而积淀起来的先进的价值观和优秀文明,再借助科学腾飞的翅膀,才能实现民族的振兴、国家的富强。

在文化自信的时代主题下,传统文化视阈下培育科学精神,就有了"两课并补"、双管齐下的文化创新含义和改变科学精神缺失的现实意义。触发我们深入思考传统文化的现代性转化和完成"五四"遗留的历史课题,以此实现传统文化的创造性转化和创新性发展,并在全社会大力倡导和培育科学精神,这既是本书写作的初衷,也是本书研究目的之所在。

(二)研究意义

1. 理论意义

传统文化中是否含有科学精神的因素,传统文化是否阻滞了科学精神在我国的萌发,学者们有不同的看法,仁者见仁,智者见智。传统文化本身既然是庞杂的体系,在精华与糟粕杂糅互现的情况下要实现现代转型,就必须对其结构、内容进行缜密细致的分剥与整合工作。本书全面、系统地分析了传统文化对培育科学精神的正、反两方面的影响,深入挖掘了传统文化中有利于培育科学精神的文化特质,并进行了有利于培育科学精神的现代转换,赋予了传统文化与时俱进的崭新内涵,有助于实现传统文化的创造性转化和创新性发展,有利于大力开展科学精神相关问题的研究,有利于树立文化自信意识。

2. 现实意义

科学精神是一个国家繁荣富强、一个民族进步兴盛必不可少的精神追求,是当今最显著的时代精神之一。科学精神以其深刻的人文意蕴和巨大的社会功效,能够影响人们的价值观,重塑人的思维方式,变革人的行为方式,能够推动人类社会和文化的不断进步。本书以传统文化为视阈,分析了传统文化培育科学精神的必要性和可能性,有利于实践层面大力传承中华优秀传统文化,有利于在全社会大力培育科学精神。培育科学精神以实现人的现代化,增强物质文明和加强文化建设,既能够塑造中华民族精神,为民族精神构建奠定物质基础,也能够更好地培育和践行社会主义核心价值观,为社会主义核心价值观提供理性基础、精神动力和实践主体,进而有利于实现中华民族的伟大复兴。

二、研究现状

(一)国内研究现状

目前学界对传统文化和科学精神的研究,取得了很多有价值的成果,对某些问题的看法和观点基本达成了一致,但仍有争论,且不乏需要深入探讨的问题。

1. 对传统文化的研究

第一,对传统文化结构和概念的界定,在基本共识的基础上,尚有争议。

对传统文化结构的划分,比较流行的观点有吴文藻的"三因子"说、庞朴的"三层次"说、余英时的"四层次"说。林国标将传统文化区分为知识型、价值型、制度型、风俗型等方面。韩东屏将传统文化分成语言、宗教、科学、技术、哲学、艺术、规则等七个方面。

关于传统文化概念的界定中,涉及传统文化的内容、时间下限、评价标准和当代价值等几个方面。张继功、李申申、李宗桂、张岱年等学者普遍认为,概念界定得清晰,是展开立论的基点,才能更好地实现传统文化的现代性转化和发展。

第二,对传统文化内容的研究,还需要进一步深入。

当前对传统文化的主体,如对儒、墨、道、法学派的研究,对汉文化的研究,比较深入,而对其他文化类型和风格的研究相对薄弱。目前关于传统文化的研究,集中在:"天人合一"思想,以张岱年、李泽厚、张岂之、钱穆、季羡林为代表;"和而不同"思想,以张岱年、李宗桂、张立文、张岂之、陈来为代表;"自强不息"思想,以张岱年、杨宪邦、匡亚明、李宗桂、张岂之为代表;"爱众为公"思想,以李宗桂、陈书禄、鲁洪生为代表;"修身仁爱"思想,以匡亚明、张谦为代表；"孝亲尊老"思想，以沈家庄、阚道隆为代表；"求新务实"思想，以刘纲纪、张岂之为代表；"以道制欲"思想，以李宗桂、鲁洪生、黄宗良为代表；"尊师重教"思想，以张立文、匡亚明、梁颂成、张岂之为代表。

第三，关于优秀传统文化的评价标准，观点较多。

比较流行的观点有："科学—进步"实践论，庞朴、赵吉惠；"马克思主义指导"论，李锦全、陈先达、方克立；"结构分析"扬弃论，张鸿雁、韩东屏；"理性洗礼"论，陈卫平、李申申；"优秀文化特征"论，李宗桂；"统治阶级"论，张继功；"文化价值"论，陈来；等等。评价标准的科学界定，涉及对传统文化的内容做客观的阐释和全面的考量。

第四，对传统文化现代价值转化的研究，方法较多。

主要有综合创新论，张岱年；西体中用法，李泽厚；"原""源"整合法，朱贻庭；"势差"注入法，乌恩溥；返本开新法，李宗桂、汤一介；"马魂、中体、西用"法，方克立；"中西马"会通法，成中英。其中综合创新论、"马魂、中体、西用"论影响较大。方法虽不同，但基本使命都是实现传统文化的创新和重构，都立足于当前文化建设和社会发展的时代主题和历史使命之下。

第五，关于传统文化的研究，尚有不足。

传统文化的研究领域和研究范围较广，研究内容也较全面，但是，缺乏对传统文化典籍做多维度、多视角的分析，缺乏更加深入的挖掘和论证。并且，理论层面的探讨较多，现代化的具体转化路径和实践路径探讨较少，存在比较明显的重"言"轻"行"倾向。并且现代化的实践路径，缺少可行性，操作性欠佳，并且，对路径的实际效果，缺乏整体考量。

2. 对科学精神的研究

第一，关于科学精神内涵与本质的研究。

李醒民认为，科学精神是科学理念和科学传统的积淀，是科学文化深层结构（行为观念层次）中蕴涵的价值和规范的综合。蔡德诚认为，科学精神包括客观的事实依据,理性的怀疑与批判,多元化的思考,基于权利平等的争论,实践的检验,宽容的激励。刘钝认为,科学精神在本体论意义上要坚持外在物质世界的可知论哲学,在方法论上要坚持以实验、实践为标准的实证主义原则。

第二,关于科学精神与人文精神关系的研究。

袁豪认为,科学的发展增加了社会的物质财富,人们的关注点开始集中于科学,对科学的崇拜与日俱增,导致基于同源的科学和人文日渐分离。杨叔子认为,科学越符合客观规律就越真,人文越符合人民的利益就越善。谢维营、严乐儿认为,我们既要提倡饱含人文精神的科学精神,又要提倡蕴含科学精神的人文精神。

第三,关于科学精神价值的研究。

夏从亚认为,发扬科学精神,可以提高主体的科学文化素质,为科学进步提供良好氛围,是战胜封建迷信、伪科学、反科学的有力武器,也是国家文明的重要基础。吴家德认为,科学精神可以创新思维方式,加强科学的基础研究和高科技研究,为科技进步奠定基础。黄涛指出,科学精神是科学发展的“灵魂性”支撑。申振东强调了在人的全面发展中科学精神的独到价值。

第四,关于科学精神培育的研究。

马来平认为,树立科学精神的基本途径有:参加科学实践,反思科学知识,熟悉科学发展史,推进教育变革,防范科学主义等。徐炎章认为,传播、普及科学知识,也包括培育科学客观精神、理性精神、实证精神和进取精神。陈凯先认为,要树立、培育科学精神,必须充分认识“科学”,必须端正对科学的态度。许永祥认为,要依靠科学精神本身具有的政治性功能,在传统政治文化转型的过程中,培养科学精神,用来克服虚妄的文化心态和僵化的思想观念,同时要反对学术腐败。

第五,关于科学精神缺失相关问题的研究。

毕明皓认为,科学精神的缺失在很大程度上是由于学术界、教育界、官员科学精神的缺失所导致。竺可桢指出,古代中国没有产生西方式的自然科学,因此中国在引入西方自然科学的时候,必须注意的问题是:一要有不盲从、不附和、不武断、不蛮横的科学态度,二要有只问是非、不计利害的科学精神。相比之下,后者更为重要。

第六,关于科学精神的研究还存在一定的不足。

从研究内容看,对科学精神的内容,尚有争论,缺乏对科学精神更加全面、系统的研究。从研究视角看,当前的研究主要集中在文化、伦理、哲学等方面,从科学史、发生学的角度研究较少。从研究对象看,注重对科学精神进行理论建构,对现实的培育路径、培育主体、培育对象的探讨较少。从研究效果看,对科学精神与现代化进程的结合点关注不够,对科学精神的重视程度还有待加强。

3. 传统文化对科学精神培育的影响研究

第一,传统文化中蕴含科学精神,并有利于科学精神的培育。

席泽宗指出,中国传统文化中有许多关于方法论的真知灼见,如《中庸》的博学、审问、慎思、明辨、笃行,《大学》的格物致知,《孟子》的民本和求故,等等。这些思想,需要认真学习,融会贯通,运用到具体的科学研究中去。龚红月认为,中国传统文化思想和行为中包含的序变观,并由此产生的带有浓厚悟性和辩证特点的思维方式,使中国文化充满生命活力,有利于科学思维方式的培育。辛秋水认为,科学创新精神一直存在于中国人的血脉基因里,表现为领先的科技水平和丰富的科学成果。

第二,传统文化的某些内容和因素,不利于科学精神的培育。

何宇宏认为,中华民族的思维模式有很多种表现,但其根本特征是"一元思维",这种思维模式一方面形成了有你无我、非此即彼的思维倾向,一方面又与群体主义、经验主义等文化心理相结合,形成了"一边倒""一窝蜂"的社会文化现象,其影响至今犹在,不容忽视,不利于科学精神的培育。吴以桥认为,传统主流文化对待技术并非持鼓励态度,教育以及"学而优则仕"的价值观,在文化传承中不能为技术创新提供切实有效的支撑。扬弃传统文化并提供技术创新的文化环境,方能为技术创新提供前提条件。熊黎明认为,道德至上的价值取向、直观思维方式、缺乏民主的传统不利于科学精神的培育。

第三,传统文化对科学精神的培育,有正、反两方面的影响。

朱华贵认为,传统文化的核心理念与积极进取精神促进了开拓进取意识,培养出科技创新精神;文化外在形式最终在意识形态上陷入一种闭环演化的封建意识形态,阻碍了创新思想的发展。林坚认为,要一分为二地看待传统文化对科学精神的作用:传统文化既有包含科学精神的一面,又有背离科学精神的一面。要挖掘和推动其正面作用,遏制和消除其负面效应,努力形成创新文化。王南湜将思维方式划分为本源性和实用性两个层面,两个层面的思维方式分别对应于理想性文化与现实性文化。实用性文化的改变虽必不可免,但国人在理想性文化层面,却可以保留传统的思维方式,无须追随西方的思维方式。牛冲槐认为,中国传统文化在科技型人才的聚集过程中,既可以起到积极作用,又不可避免地带有历史继承性和局限性;在科技型人才聚集的知识溢出效应中,能够产生正面、负面两种影响。石中英认为,不能简单认为中国传统文化缺乏创造性基因并因此压制创造性人才的成长。传统文化的价值原则、自主人格、怀疑精神有助于创造性人才的成长并赋予他们的创造性劳动以正确的价值原则。

(二)国外研究现状

国外学者对中国传统文化和科学精神的相关研究不乏真知灼见,对于开展中国传统文化视阈下科学精神的培育研究,具有一定的启发意义。

1. 对中国传统文化的研究

英国的贝尔纳认为,中国文化能不能成为科学发展的沃土,取决于中国文化是否被改造。若是,则传统文化能够成为科学事业的良好基础;否则,中国文化不可能建立起自己的科学大厦。美国学者列文森认为,西方社会认定中国传统文化具有野蛮性的观点失之狭隘。和西方观点不同,列文森本人对中国传统文化赞誉有加。同时,他也认为,中国传统社会具有稳定性的特点,中央集权制度既不能使传统中国从内部发生变化,也会对来自外部的变动因素予以强有力的反对。

美国学者费正清、赖肖尔认为,中国的晚唐和宋代,在中国文化史上占据着重要地位,这两个时期的文化和制度水平走在了世界的前列。这两个时期建立起来的社会形式、行政形式、艺术形式和文学形式,影响着中国的文明,直到20世纪早期仍是方兴未艾。美国学者安乐哲认为,中国思想传统中的世界观,是一种自然宇宙观,它跟《易经》有着密切关系,是儒家思想和老庄思想的基础。另外,"变通"和"通变"是两个观念,是有区别的。

2. 对科学精神相关问题的研究

1938年,美国学者默顿在其博士论文中,提出了科学、技术与社会概念,将科学作为社会的子系统而存在,而科学内部的社会系统则既具有社会属性,还具有相对的独立性。默顿在其名作《科学社会学》中,从科学共同体的价值规范层面,探讨了科学的精神气质:普遍主义、公有性、无私利性、有组织的怀疑主义。该观点社会反响极大,但也不乏批评之声。美国学者库恩认为科学知识并非线性积累,也不是逻辑方法的自然展开。库恩依据科学史材料,认为科学知识、科学思想是呈动态的结构,并且库恩首次使用"范式"的概念,认为在科学的动态结构中,科学发展实际上是新旧范式的交替过程。美国学者萨顿认为,要端正对待东西方文化的态度,粗暴对待东方科学,言过其实西方文化,都不是科学的态度。就东西方文化的关系而言,西方文化中的很多灵感、伟大思想,均是来自东方。德国学者哈肯认为,协同学和中国古代思想在整体性观念上有很深的联系,传统文化中的中医,就是成功运用了整体性思维来处理人体之间各个部分的关系。

3. 国外学者关于中国传统文化是否蕴含科学精神的研究

英国学者李约瑟指出,中国文明虽然没有孕育出近代自然科学,但是为近代自然科学的产生做出了巨大贡献,并且使近代自然科学不断走向完善。中国传统文化中蕴藏着需要世人深入挖掘的宝贵思想,而这必将为未来科学的发展开辟道路。美国学者胡弗以西方人的视角,对"李约瑟难题"做出了探讨,对传统中国为什么没有孕育出近代科学提供了一个全新的答案。胡弗分析了与中国科学相关联的一系列因素,如科学与思维方式、教育、社会组织等的关系,促使人们思考世界秩序的形成基础、现代科学的中心、中国的现代化以及是否需要向西方学习等问题。比利时学者普里高津指出,新自然主义把西方的传统、实验、定量和中国文化传统中的自发观点结合起来。中国传统文化注重对抗要素之间的复杂平衡,这种整体和谐观反映出了中华先人对人与自然、人与社会关系的深刻理解。这对于世界范围的科学家和哲学家而言,始终是积极的而非消极的思想启迪。

总之,国内外学者对传统文化和科学精神的研究,在研究视角、研究范式、研究方法上显现出开放性和多样性的特点,具有一定的历史厚度和宏观把握,对于开展中国传统文化和科学精神等相关问题的研究具有启发性,有助于形成一个科学的理论框架,全面、系统、多角度地研究中国传统文化视阈下科学精神的培育问题。

三、研究方法

(一)文献研究法

本书立足马克思主义经典著作,阅读、借鉴知名学者关于传统文化、科学精神的经典著作、学术论文,以及知名高校的相关博士论文等研究成果,围绕传统文化培育科学精神的主线,开展传统文化视阈下科学精神培育研究。

(二)理论联系实际的方法

本书既深入挖掘了传统文化有利于培育科学精神的思想资源,阐释了科学精神培育的现实意义,又密切联系民族复兴、文化自信的时代主题,提出了传统文化视阈下科学精神全面、具体的培育路径。

(三)比较研究法

本书比较分析了科学精神与人文精神的不同特点及交互性,为传统文化视阈下培育科学精神奠定了理论基础,又比较分析了中西方文化内容、思维方式的差异,论证了传统文化能够并且有利于科学精神的培育。

四、结构与创新点

(一)结构

本书分为绪论、正文和结论三部分。

第一章绪论说明了本书的选题依据与研究意义、国内外研究现状、研究方法、结构与创新点等问题。

第二章概述了中国传统文化与科学精神。首先界定了中国传统文化的内涵,在对"文化"含义阐释的基础上,分析了传统文化与文化传统的联系与区别,并具体分析了中国传统文化的结构与内容。其次,阐释了科学精神的相关内容,分析了什么是"科学",科学精神的核心与内容是什么。再次,就传统文化与科学精神的关系而言,分析了科学与文化、科学文化与传统文化、科学精神与人文精神的相互影响和相互塑造。

第三章介绍了传统文化影响科学精神培育的两种界说。"不利说"认为传统文化不利于科学精神的培育,因为"实用理性"致使科学求真精神被遮蔽,儒家伦理中心主义禁锢理性、怀疑精神,致思方式重思辨体悟轻实证精神。"有利说"主张传统文化有利于科学精神的培育,因为中华民族具有追求真理的历史传统,传统文化的价值观影响科学研究动机,传统文化提供科学研究的知识基础,传统文化的经学研究方法是重要的科学研究方法。其中,"有利说"符合当代中国文化自信的时代主题,契合传统文化创造性转化和创新性发展的现实需要,是改变科学精神缺失现状的迫切要求,并且是迎接世界文化挑战的必然之举。

第四章探讨了传统文化视阈下科学精神培育之必要性。以传统文化涵养科学精神是文化发展的必然要求,科学精神可以成为优秀传统文化的评价标准,是传统文化现代化的时代要求,是增强中国文化软实力的必然举措。科学精神是重塑中华民族精神的重要内容,能够推动民族科学的发展,为新时期民族精神的构建营造社会氛围。科学精神也是传统价值观转向社会主义核心价值观的重要保障,能够为培育和践行社会主义核心价值观奠定理性基础,提供基础保障,提供实践主体。

第五章分析了传统文化视阈下科学精神培育之可能性。首先,传统文化的开放性和包容性是培育科学精神的前提条件,因为中国传统文化是世界上唯一没有中断的文化体系,中国文化是多元文化形式的集大成者,并且传统文化能够吸收、改造源于西方的科学精神。其次,传统文化的人文精神是培育科学精神的思想基础。再次,传统文化中的致思方式和研究方法与科学精神相契合。

第六章提出了传统文化视阈下科学精神培育路径。首先,传统文化与科学精神观念层面的培育,涉及"由艺臻道"与视科学精神为"安身立命"的第一需要,"道本艺末"与树立正确的科技观,"内圣外王"与重塑"德""知"关系,"道不遁物"与学习古代科学家的科学探究精神。其次,传统文化与科学精神实践层面的培育,包括传统文化"形而上"的理念落实到"形而下"的科学事业中,"礼乐教化"与实现科学精神培育的体制化,"格物致知"与引导公民参与科学活动,"经世致用"理念下开展科学活动与社会的良性互动。再次,传统文化与科学精神学术层面的培育,需要借鉴传统文化的"以德为先"与加强学术道德规范建设,"唯才是举"与建立科学的学术评价制度,"礼法并用"与健全学术规范法律法规,"监察制度"与建立学术规范监督机构。最后,传统文化与科学精神制度层面的培育,阐释了借鉴传统文化的"民胞物与",制度的制定应符合科学精神的"公有性";"尽信书不如无书",制度的遵守应符合科学精神的"有组织的怀疑";"一断于法",制度的执行应符合科学精神的"普遍主义";"以道制欲",制度的监督应符合科学精神的"无私利性"。

第七章结论部分重申了传统文化视阈下培育科学精神是文化发展的必然趋势,是增强、实现文化自信的理性选择。

(二)创新点

首先,研究视阈的创新。国内研究传统文化的成果颇多,不同学者有不同的论述角度,但主要着眼于传统文化的积极方面,如针对传统文化的内涵、内容、特征、传承途径、价值等方面。对科学精神的研究,着眼于内涵、缺失及价值等方面,鲜有将科学精神培育研究置于传统文化的视阈下。本书选取传统文化为研究视阈以培育科学精神,反思传统文化之不足,以"否定之否定"的态度对待传统文化,既有利于传统文化的创造性转化和创新性发展,又汲取了传统文化的养分进行科学精神培育研究;既赋予传统文化与时俱进的科学基因,又赋予科学精神深厚的文化内涵,使传统文化视阈下培育科学精神做到了历史与现实的结合、理论与实践的结合。

其次,学术观点的创新。在厘清传统文化的基础上,深入挖掘传统文化与科学精神相协调的文化特质,对之进行现代性的诠释,在崭新的层次上赋予其科学精神的内涵。同时将传统文化与科学的精神气质、东西方科学思维方式进行了对比研究,既使传统文化在超越自身中获得新的生命力和创造力,又结合当今中国文化建设的需要,对科学精神提出了全面的、切实可行的培育路径。在科学精神培育路径的设计上,既做好理论建构,又要做好总体规划,还设计出具体对策。培育路径既体现出文化底蕴,又体现出时代特色,具有较强的说服力。

第二章　中国传统文化与科学精神概述

从文化的世界历史发展进程来看,民族的昌盛、国家的富强,都离不开本土优秀文化形式和文化内容的有力驱动和丰厚滋养。中华民族在历史的长河中,中华先人在岁月的洗礼中,创造了具有显著民族特色的价值体系和思想内容。中国传统文化成为中华民族的独特标识和精神灵魂,在改造国人主观世界和自然界客观世界的实践活动中,无形中以一种价值判断、思维方式、行为模式的方式发生作用。实现民族伟大复兴的中国梦,除了需要继续发挥优秀传统文化的智慧和力量,还需要国家和社会以科学为旗帜,以科学精神为灵魂,继续发挥二者振聋发聩、启发民智的功效,实现对人民思维方式的重塑和科学信仰的建立。诚然,世界上没有尽善至美的文化,任何文化在各有千秋、独领风骚的同时,还存在需要"扬弃"的内容。以传统文化作为科学精神培育的文化背景和思想资源,既有利于实现传统文化的创造性转化和创新性发展,也有利于进行科学精神的培育和弘扬。

一、中国传统文化

一部人类发展史,既是生命延续、"子子孙孙无穷尽也"的人类繁衍史,也是创造物质财富、世代更迭的物质文明进化史,更是文化积累传承、价值观演化的精神文明发展史,而"文化上的每一个进步,都是迈向自由的一大步"。① 文化是人之为人的内在需求,文化是一个国家、民族区别于他者的重要标志。诚然,物质、制度、风俗也是区别的重要方面,但显然不如文化区分得更加深刻、彻底、典型。

(一)"文化"阐释

文化是对人类生活重大问题的根本把握,在主客体之间通过主体客体化、客体主体化的交互作用中得以产生。从主体(人)的角度而言,文化是"人的本质的对象化",②人的本质力量的实现需要在实践活动中遵循"物的尺度"和"人的尺度",而"人的尺度"则主要是指人的"价值尺度"。"价值尺度"是人进行实践活动的深层驱动因素,基于物能满足人的需要的属性之上,是决定物之价值大小的衡量标尺。在主客体交互作用过程中,内外部因素基于各种条件相互影响,遵循逻辑原则建立起了结构系统,表征为人化的结果,即文化。人化的结果包括物质和精神两个层面,文化即是物质财富和精神财富的总和,是"人生活所依靠之一切","经济、政治,乃至一切无所不包"。③

"文化"一词最早出现在《易经》中,"刚柔交错,天文也;文明以止,人文也。观乎天文,以察时变;观乎人文,以化成天下",根据人文、文德治理天下,教化民众,是文化的最初含义。英国人类学家泰勒将"文化"定义为"一个复杂的整体,包括知识、信念、艺术、道德、习俗,以及作为社会成员的人所习得的其他任何能力和习惯"。④ 美国社会学家保罗·布莱斯蒂德认为"文化包括一切习得的行为,智能和知识,社会组织和语言,以及经济的、道德的

① 〔德〕马克思,恩格斯:《马克思恩格斯选集》(第3卷),北京:人民出版社,2012年版,第492页。
② 〔德〕马克思,恩格斯:《马克思恩格斯文集》(第1卷),北京:人民出版社,2009年版,第192页。
③ 梁漱溟:《中国文化要义》,上海:上海人民出版社,2011年版,第7页。
④ Edward B. Tylor, *The Origins of Culture*, New York: Harper and Row, 1958. p. 1.

和精神的价值系统。"①狭义的文化主要是指精神形态的文化,"包括着各种知识,包括着道德上、精神上及经济上的价值体系,包括着社会组织方式,及最后,并非次要的,包括着语言"。② 一般意义上的文化,"当作观念形态的文化",③包括哲学、文学、艺术、科学、宗教、意识形态、价值观、道德、风俗等。总体而言,关于文化的含义中,价值观都是不可或缺的组成要素,甚至有学者将文化直接等同于价值观。"所谓文化,说到底就是指一个社会中的价值观,是人们对于理想、信念、取向、态度所普遍持有的见解。"④

习近平总书记在庆祝中国共产党成立 95 周年大会上强调指出,"文化自信,是更基础、更广泛、更深厚的自信"。⑤ 文化自信是自"三大自信"之后党中央提出的又一重大论述,表明了我们党对中国特色社会主义有了更加明确、广阔的认识和建构,注重从中国特色社会主义的总体性这一内在属性来进行文化建设,以文化意义的深刻呈现阐明了文化之于道路、制度、理论的深刻性、持久性和超越性。文化自信必须在深刻把握文化本质和内容的基础上,处理好不同文化形式之间的因果关系,以文化继承、转化、借鉴、吸收、创新的方式和途径,增强和实现文化自信。

(二)传统文化与文化传统

传统文化和文化传统是两个极不相同的概念。关于传统文化的时限界定,学界持三种观点:"鸦片战争"说、"清朝"说、"五四"说。目前学界基本以"五四"作为传统文化的时间下限。所谓传统,是历史上形成的,至今仍在发挥作用的,由一个民族独特的价值观念、思维方式、道德风尚、社会风貌、审

---

① Paul J. Braisted, *Cultural Cooperation : Keynote of the Coming Age*, New Haven : The Edward W. Hazen Foundation, 1945. p. 6.
② 费孝通:《文化与文化自觉》,北京:群言出版社,2005 年版,第 20 页。
③ 毛泽东:《毛泽东选集》(第 2 卷),北京:人民出版社,1991 年版,第 663 页。
④ 袁贵仁:《关于价值与文化问题》,《河北学刊》2005 年第 1 期,第 8 页。
⑤ 习近平:《习近平在庆祝中国共产党成立 95 周年大会上的讲话》,中国新闻网,2016 年 7 月 1 日。

美旨趣等所组成的具有稳定组织结构和特定思想要素的社会心理和行为习惯。传统文化,从广义范围而言,是指历史上形成的一切关于文化的物质财富和精神财富的总和,涵盖物质、制度、风俗习惯、思想和价值观等几个层面。狭义的传统文化主要指思想和价值观这个层面,是文化的深层部分,主要体现为一个社会的价值观念、思维方式、道德规范、审美旨趣、宗教信仰和民族性格等。

优秀传统文化,从属于传统文化,因有"优秀"的内涵界定,所以其外延涵盖不及传统文化。优秀传统文化是指经过人民群众的实践检验和历史长河的时间经验,经过大浪淘沙式的择优检验而保留下来的具有历史传承性、民族性、前瞻性和指导性的文化内容和形式,是能够塑造人民群众价值观和思维能力,促进社会文明进步,推动社会发展的一切优秀成果的总和。

而文化传统,就传统文化所包含的物质、制度、风俗、价值观而言,则突出了其狭义层面,即价值观层面。可见,传统文化是包含文化传统的,文化传统是传统文化的一个具体层面的显现。文化传统要凸显其"文化"内涵,是由一个民族特定的文化类型所制约,主要是由文化中深层次的价值观念所支配,经过长期的文化筛选和积淀而形成的,为大多数人所接受、认同、践行的思想观念和行为方式。厘清二者的区别,就传统文化而言,可以使我们从整体上、宏观上把握文化的总体演进规律和发展脉络;而把握文化传统,则可以使我们从价值观的演化、思想和行为方式上,理解、感受到文化的历史继承性和独特的民族性。

传统往往呈现出一种"集体无意识",具有无形的约束力和影响力,人们在潜移默化中受到传统的影响,也往往以传统作为社会行为和心理的判断标准。即使传统和法律、规则相违背,符合传统也是很多人的首选行为方式。文化传统在很大程度上由一个社会中的思想家所促成。如关于文化发展规律的认识,思想家在把握现世文化的基础上,结合对历史文化的感悟,展望未来文化的发展趋势,并以此对现世文化进行改造、塑造,对历史文化进行评价,以此形成的文化传统诸如文化保守传统、文化变革传统、文化批判传统、文化服务传统等。

文化保守传统,强调历史文化的示范作用,强调守成,从历史中寻找文化发表的依据,如"天不变道亦不变"(《汉书·董仲舒传》);强调思想家的社会影响力并予以维持,如"祖述尧舜,宪章文武"(《礼记·中庸》),"天不生仲尼,万古长如夜"(朱熹《朱子语类》),"以孔子之是非为是非"。文化变革传统,强调对历史文化的否定,通过社会实践而进行的一种文化重构工作,涵盖的范围较广,可表现为一种变革的精神,如"苟日新,又日新"(《大学》)、"世异则事异,事异则备变"(《韩非子·五蠹》)。文化变革着力点在于变革社会制度,如王安石变法中所声称的"天变不足畏,祖宗不足法,人言不足恤"(《宋史·王安石列传》)。由于传统的根深蒂固,变革往往要付出巨大的代价,以改良的面貌出现,如"王者有改制之名,无易道之实"(《汉书·董仲舒传》),这种温情脉脉的做法,效果往往不尽如人意。文化批判传统往往以一种反传统的异端文化出现,如魏晋玄学的"非汤武而薄周礼,越明教而任自然"(嵇康《与山巨源绝交书》),表现为对传统的拒斥,对现世文化的抨击,向往并培育一种崭新的文化模式。文化服务传统强调文化为现实政治服务,这种服务既是实现人生价值的途径,也是实现主体道德人格的最高理想境界。在封建社会,这种文化服务传统,由强调文化的泛道德化,进而转化为泛政治化,如知识分子津津乐道的"修齐治平""内圣外王""以孝治天下"等。

文化传统不能随心所欲地创造,必须在诠释、阐扬传统思想文化的基础上,进行文化的铸造和新的文化传统的创建。传统的形成,也非朝夕之事,往往需要经过思想要素之间的相互作用、酝酿,经由社会大众认可、接受之后,才能作为社会文化心理而存在,或作为一种新的文化传统而存在,或者融合在历史文化传统之中,继续发挥其文化影响力和渗透力,成为民族文化的印记和标识。

（三）传统文化的结构与内容

有什么样的文化类型，就有什么样的文化特点，中国传统文化是典型的趋善求治的伦理政治型文化。而就传统文化的结构和内容而言，传统文化涵盖学术思想、伦理观念、政治法律、科学技术、文学艺术、园林建筑、各地风土人情和民族风俗习惯等方面。

1. 传统文化的结构

传统文化贯穿、渗透于一个社会的生产力、生产关系、社会制度、社会意识、社会心理中，将这五大层面进行归总，传统文化又体现在物质、制度和观念形态的文化层面中。关于传统文化的结构，代表性的观点有三："三因子"说、"三层次"说、"四层次"说。

吴文藻持"三因子"说，认为文化包含物质层面、社会组织层面和精神生活层面。社会组织是文化的骨干，具体表现为一个社会的制度，在文化变迁中，社会制度的稳固性最强。精神生活层面是文化的核心，包含语言、心理和价值三个方面，语言是精神生活的外在表现，心理和价值是精神生活的内在。庞朴持"三层次"说，将文化看成立体系统，外层是物的部分；中层是理论和制度组成的心物结合的部分，包括人的思想、情感和意志；深层是心的部分，包含价值观、思维方式、道德规范、民族性格等。这三个层面的活跃度不同，外层最为活跃；中层规定着文化性质，最为权威；深层是文化的灵魂，最为保守。余英时主张"四层次"说，将文化由外到内分为物质层次、制度层次、风俗习惯层次和思想价值层次。文化当中有形的、物质的层次变动起来较为容易，无形的、精神层变迁起来甚为困难。

林国标将传统文化区分为知识型、价值型、制度型、风俗型等方面，韩东屏将中国传统文化所包含的语言、宗教、科学、技术、哲学、艺术、规则等七种构成作为不同功能的工具逐一进行评估，而后再形成对中国传统文化的总体评价。关于文化结构的各种观点,都有合理性,并且在划分内容方面有交叉。将传统文化的结构按照层次逐一剖开,呈现出来的即是关于传统文化的具体内容。

2. 传统文化的内容

传统文化的内容包含甚广,不同学者见仁见智,均有阐发,其中既有一致的地方,也有相互矛盾之处,但并无严格的对错之分。因看待问题的角度不同,结论自然不同。传统文化所涉甚广,不能一一论道,因本研究以传统文化作为滋养、培育科学精神的文化背景和思想资源,故只阐释与科学精神相联系的方面。

(1)自强不息　与时偕行

首先,自强不息是一种奋发有为的人生态度。《易经》中"天行健,君子以自强不息",天体运行无休无止、永不停歇,人为天下贵,那么应该效法天体运行规律,奋发有为、刚健进取、生生不息、历久弥坚。老子提出了"知人者智,自知者明。胜人者有力,自胜者强"。孔子"发愤忘食,乐以忘忧,不知老之将至"的豁达乐观,即是自强不息精神的生动写照。司马迁以"艰难困苦,玉汝于成"作为精神追求以撰写《史记》。自强不息既是主观层面道德修养的重要内容,也是实践层面道德践履的生动体现。

其次,自强不息是一种敢于担当的责任使命感。自强不息即是要修炼自我、强大自身以承担民族国家重任,既要在顺境中乘顺风而勇进,也要在逆境中处低谷而力争,要达致孟子所言的"仰不愧于天,俯不怍于地"的境界。面对"苦、劳、饿、空"等情形,也能"动心忍性,曾益其所不能"。因"士须弘毅,任重道远",只有自强不息的民族品格,才能孕育出起"平治天下,舍我其谁"的民族气概和豪情。

再次,自强不息是不屈不挠、刚健笃实的民族精神。面对外族入侵和他国的侵略,国人奋起抗争,有临危受命、挺身而出的民族担当和情操;有"西北望，射天狼"的雄心豪迈；取得胜利，有"漫卷诗书喜欲狂"的欣喜激动。为了民族大义可以有曾子所言的"可以托六尺之孤，可以寄百里之命，临大节而不可夺也"（《论语·泰伯》）的舍生取义。因自强不息，才会有"匹夫不可夺志也"的豪迈激情，有成全仁德的"无求生以害仁，有杀身以成仁"（《论语·卫灵公》）的慷慨激昂，也才会有了"家祭无忘告乃翁"的欣慰感慨。

自强不息的性格禀赋和民族精神，在个人发展、社会进步和国家强盛中，就表现为"与时偕行"的精神。《易经》中最早出现的"与时偕行"和《周易》中蕴含着"革故鼎新"的思想，要求人们要"终时乾乾，与时偕行"。《易传》中说"日新之谓盛德，生生之谓易"，不断更新、创新才能称之为崇高的品德，创新和品德之间是辩证统一的关系。《礼记·大学》中"苟日新，日日新，又日新"，提倡锐意改革的进取精神。《诗经·大雅》中的"周虽旧邦，其命维新"，倡导革故鼎新的维新精神。与时偕行的精神，在历代政治家的改革中体现得尤为明显。商鞅提出了"世事变而行道异也"，不同的时代，甚至同一统治集团的不同历史时期，都应有不同的政令、法度。后人如诸葛亮、王安石、康有为、梁启超等均持"因时而变"的思想。

（2）厚德载物　直道而行

厚德载物的品格与自强不息的精神相呼应，强调人类的自我品德要契合天地之道，融合于社会公共道德之中。厚德载物在强调人类自觉自为精神的同时，更突出人的反省精神，正因为人类在浩瀚宇宙面前的渺小和卑微，更需要一种宽容敦厚的品德，以承载万事万物，才能宽以待人，容人成物。同时还要与时俱进，日新其德。厚德载物培育的是一种醇厚的品性和广阔的胸襟，督促人们凡事应是反身向内，形成了中华民族注重和谐、追求和平的文化传统。

《礼记·大学》首章开宗明义指出了明德与治国、齐家、修身、正心、诚意、致知、格物的关系，而后又以反其道而行之的手法予以了阐释，旨在提倡一种大德、厚德。老子对厚德载物有深刻的领悟："上善若水"，"上德若谷"，有了"上德",才能"容乃公,公乃全"。孔子提倡仁爱学说,倡导君子型人格,要"博学于文,约之以礼","文质彬彬"。墨子提倡"兼爱""非攻"。"德"是人所专有之属性,荀子的"人最为天下贵",即是以"德"来区分人和动物。

厚德载物的思想对后世影响极大。孟子的"人皆可以为尧舜"(《孟子·告子下》),荀子的"涂之人可以为禹"(《荀子·性恶》),王守仁的"满街都是圣人"(《传习录下》),张载的"民吾同胞,物吾与也"(《正蒙·乾称》),都是厚德载物在不同时期的体现。汉文帝以孝治天下,孝悌正直之人即可被推举为孝廉以担任官职。"孝"文化可以推而广之,能近取譬,所以才会有"老吾老以及人之老,幼吾幼以及人之幼"的同理共情,才能实现"不独亲其亲,不独子其子"的"大同"世界,梁漱溟就将传统文化归结为"孝"文化。

唯道是从,直道而行,"道"是指道德理想,是一种价值理性,是一种不随波逐流的独立人格,可对此进行创新性发展,将"道"阐发为"真理""自然之理",强调对"求真"的追求与固守。因为重德、尚和,所以在把握事物的思维方式上,倾向于整体主义和阴阳思维,尤其在中医理论中有非常明显的体现。《黄帝内经》中的《素问·阴阳离合论》和《素问·阴阳应象大论》,对此均有深刻的阐述。在阴阳两极的矛盾对立中,注重对平衡和整体的把握,以实现对生命规律的把握和宇宙秩序的追求。

(3)尚和贵中 天人合一

农业经济时代,人们还不能掌控自身的命运,特别注重人与自然的和谐相处。风调雨顺、协和万邦的"致中和,天地位焉,万物育焉"(《礼记·中庸》)成为每个人推己及人的理想。"和"既作为世界观和本体论而存在;又作为一种"和为贵"的伦理观,贯穿于礼法中;同时又作为艺术的求美而存在,以小桥流水、亭榭人家营造出一种和谐安宁的文化图景。"和"文化起源甚早,滥觞于尧舜时期。《尚书·尧典》中的"克明俊德,以亲九族。九族既睦,平章百姓。百姓昭明,协和万邦",《尚书·顾命》中的"燮和天下,用答扬文武之光训",反映出君王臣民对天下太平、社稷安定的向往与追求。显然,

"和"之道是在深察自然界规律规则的基础上,得出来的为人处世之道、为政治国之道,敷设到社会的一切运行单位和个体中。

传统文化中的儒、释、道三家均能体现出"和"文化特质,旨在通过自我身心的和谐达致人与自然、人与社会的和谐。儒家强调个体要"诚意正心",才能实现人与自然关系上的"天人相通",才能在人与社会关系层面上"修己安人",安身立命。道家文化强调"清心寡欲""见素抱朴",清静无为,在天人关系中做到"道法自然",在社会关系中,又要持"福祸相依"的辩证思维,以圆融的心态看待世人世事。佛教文化主张个体要"六根清净",在人与自然关系上持"因缘和合"说,人与人的交往中诸事都可"见心见性",要懂得"中道妙理"。儒、释、道三家"和"文化的立意旨趣不同,各具特色又相互补充,可以说是"百虑而一致,殊途而同归",均是要实现"政通人和""协和万邦"的大同社会。

以"和"之理念看待人与自然的关系,强调"天人合一""道法自然"。天人合一,天人感应,将人事、伦常、情感附会于天,天成了具有理性、道德和评价标准的人格力量,于是便有了"奉天承运""替天行道",本质上还是在行"人"道,天成了实现人们道德理性的手段。"自然"的本义是指自然界本身,但又不仅仅局限于宇宙这个物质空间,还指天地万物以自身的内在属性呈现出来的自在的生命状态和自然的变化规律,又是一个充满了生命敬畏和道德至上的精神空间。《黄帝内经》提出了"天人相应"的命题。所以,人要处于自然的怀抱中,与自然为一体,要做到《易经》里的"与天地合其德,与日月合其光",强调人对自然的顺应、敬畏和归依,而不是征服和掠夺。这种文化理念和思维方式,和西方恰恰相反。西方信赖上帝的原罪说,人要拼命洗刷耻辱,并且由于上帝之神圣不可及给人造成的巨大差距和自卑,人只有不断向外索取和征服,通过不断证明自己的力量才能抛却人在上帝面前的卑微。所以,中国人因"和"而反身向内,西方则是由内向外。这种由文化基因造成的民族性格,往往是根深蒂固的,成为社会奉行的评价标准。而这无疑会给研究人与自然关系的科学家产生巨大的影响,对自然界本质和规律的探究,不及西方深入、细致。并且,某一领域一旦有科学著作产生且产生一定的社会影响之后,后来的科学家往往下意识地去注疏、考证,而不是质疑、创新。

"和"文化给中华先人的民族性格、思维方式、价值观等方面造成了深远的影响,古人奉行"和"的行事方式和处世经验,形成了"中庸之道"的人生哲学和"和而不同"的君子之道。"中"就是要坚守中正,不偏不倚,过犹不及。"和""中"都是强调要维护整体大局,求同存异,做事不走极端,不过分强调个人利益,这也成为中华民族几千年以来的行事风格和思维方式,对社会的影响持久、深入。

(4)理性务实　经世致用

中华先人在"日出而作,日入而息"的农耕经济条件下,形成了脚踏实地、反对空谈的民族性格,形成了反对骄奢淫逸、推崇勤俭持家的生活习惯。对知识分子而言,也有入世务实、知行合一的实践精神,有经世致用、经国济民的理想抱负。中华先人往往缺少对彼岸世界的玄思冥想,更注重日常生活中的伦常关系,在此岸世界中表达自己的愿望和诉求,不喜浮夸的华而不实,更喜恬淡的理性务实。

理性即是"以道制欲",人不仅仅是生物学意义上的人,更是道德理性的人,强调内省、慎独、自律,追求情感欲望要"乐而不淫,哀而不伤"(《论语·八佾》),个人行为要"发乎情,止乎礼"(《诗经》)。个人言行要顾及他人,"非礼"则不为,要注重情、理的综合平衡,以礼节情,以道制欲。传统文化中,不管是哪个学派的观点,其人生旨趣都在追求形而上的"道"。尽管"道"在不同时代有不同的内涵把握,但就其本质而言,都在追求一种道德理性。以"道"来指导人生,是整个社会的共同人生态度,并且以道制欲,也使中华民族一直具有"无神论"的思想传统。

以道制欲,务实理性,形成了民族独特的精神风貌,有利于维护社会的和谐统一。每个人作为伦理型动物,处于伦常关系交织成的社会关系网中,强调对他人的责任和奉献,通过克制、礼让以求得关系网的和谐。人生种种境况中,强调"君子求诸己",追求道德世界的完美和精神世界的充盈,并形成了一把标尺,作为社会典范以丈量他人,又作为一种规矩,具有无形的约束力。每个人都是这个网中的一个联结点,无法挣脱,违背者即是大逆不道,为世人所不许。以道制欲,发展到极端,往往被歪曲利用,典型如"存天理,灭人欲",以道制欲也成为压制人们正常情感、欲望和人性的工具,这是需要批判的。

理性务实的另一个表现是"重道轻器"。封建社会的主体主要由"士、农、工、商"组成,士作为知识分子阶层,"劳心者治人,劳力者治于人"(《孟子·滕文公上》),士同工、农、商存在天然的阶级差别,而实际上,正是工、农、商,构成了社会实践的主体,成为推动社会发展的主要力量,也创造了光辉灿烂的物质财富和精神财富。但在官修史书中,并不存在鲁迅先生所说的"泥水匠列传""木匠列传",根本原因还在于"重道轻器"文化传统,将手艺、技艺视之为难登大雅之堂的"雕虫小技"。

理性务实的民族性格,在个人矢志和实现人生价值层面,体现为"经世致用"的个人理想和社会理想。"经世"一词出现于庄子的《齐物论》,"六合之外,圣人存而不论;六合之内,圣人论而不议;春秋经世先王之志,圣人议而不辩","经世"除了具有"时代经历""经历世事"之意,还具有"经理世事""治理国家"之意。是否具有"经世之志",也成为一个人是否有治国安邦之抱负和政治素养的判断标准。"经世"观念成为传统中国的文化传统之一,要求人们积极入世,修齐治平,实现大同。诸子百家中,老庄虽然追求超然物外、逍遥于我的境界,但骨子里不乏"应帝王"的为政思想。儒家的"经世"观念尤为明显,孔子的"明知不可为而为之"的践行仁义,上下求索,"如有用我者,吾其为东周乎"(《论语·阳货》)的壮志满怀,"用之则行,舍之则藏"(《论语·述而》)的自我调适,对于"出于司徒之官"的儒家而言,"用"乃真实诉求,"藏"乃不得已而为之。墨子的"尚贤""尚同"观,带有明显的政治参与意识。法家的"不别亲疏,不殊贵贱,一断于法",对社会的政治、经济、文化均赋予法治的约束,以实现富国强兵的政治目标,其"经世"观念体现得淋漓尽致。

(5)兼收并蓄　尊王法古

历史上,诸子百家,百家争鸣,不同文化风格的各个学派,能在中华文化史上和谐相处,和平发展,得益于传统文化中一直具有兼收并蓄的文化传统。譬如,儒、墨、道、法各个学派,对同一问题的阐述,其着力点、侧重点、价值追求及落脚点,往往不同,甚至是南辕北辙、根本对立,但这并不妨碍其在传统文化中熠熠生辉、和而不同、拥趸者众。并且,种类繁多、各具特色的文化内容,能在秦汉时期形成和谐、统一的中华文化,兼收并蓄的文化传统又体现出了文化的向心力和凝聚力。并且,对待外来文化和异质文化的融入,传统文化并没有压制、消绝,而是将其消融在传统文化的历史发展脉络中,赋予其典型的中国特色。

兼收并蓄的文化传统,在对待前人文化内容上,不愿对其过分否定,哪怕前人思想与当今潮流相左、相悖,也往往给传统留有一席之地,这使传统文化具有非常明显的尊王法古的文化特点。"畏天命,畏大人,畏圣人之言"(《论语·季氏》)、"为尊者讳,为亲者讳,为贤者讳"(《春秋公羊传·闵公元年》)的文化传统具有广泛的群众基础。王安石提出"天变不足畏,祖宗不足法,人言不足恤",是以壮士割腕的勇气,对传统巨大的挑战。民间如"不听老人言,吃亏在眼前",年轻人也往往以"大器晚成"作为自我安慰。儒家如孔子以己求学之道,感悟到"三十而立","七十不逾矩"。这种"夫子自道"强调了随着年龄的增长,心胸境界的豁达、知识的积累对事理把握的深刻性和准确性。这是一种经验主义的态度,有其合理性,但这不是理性指导下的态度,却被后来社会所认同、推崇。以老人的知识、经验作为评判标准,不乏成功的论据,有利于传统的传承、文化的积累。但迟暮之年的老者,"烈士暮年，壮心不已"者毕竟是少数，大多缺乏创造力和热情，易使社会如深潭之水而波澜不惊，缺少"初生牛犊不怕虎"的激情和豪气，并且对求新求异、乐于冒险的言行举止往往鄙视拒斥。尊王法古的传统至今仍有影响，如按资排辈，导致人才流失。对这种文化传统必须予以改造：对待老者应给予足够的尊重和赡养，但需要客观评价其知识系统和经验，不能以老者的标准为唯一标准，老者不是世界的唯一主宰，朝气蓬勃、富有创造精神的年轻人也占有一席之地。

尊王法古之所以成为文化传统，是因为传统文化中一直存在着浓厚的"尚贤"思想。"大道之行也，天下为公，选贤与能，讲信修睦"（《礼记·礼运》），选取有才能德行之人治理天下以顺应民意。尧、舜禅让开创了尚贤的先河为后人所津津乐道，孔子感叹礼崩乐坏而主张从周公那里寻找答案以克己复礼。孔子以"吾从周"的自我实践使得后人认为先哲拥有治理后世的良方，主观上会有意无意地效仿古人。尊王法古是一种文化怀旧情结，触景生情、睹物思人，在怀旧中情感得以抒发成为个人的存在方式，往往缺少指向未来的力量。怀旧往往是一种不由自主的、缺少理性的行为。怀旧并非不可取，关键在于应在回顾过往中净化自己，给生命和情感以一种新的启发，拥有一种新的力量和情怀。

二、科学精神

科学本质上是一种实践活动，科学之所以和其他活动相区别，乃在于科学方法。科学方法集中体现于观察和实验，以理论间的逻辑关系为前提，并且运用数学语言予以精确表述。科学总是在相关的精神动力和价值旨归的推动下开展的，科学不单单是一种特殊的实践活动，科学活动的开展、目的、过程、结果等各个方面，总是不可避免地受到科学家和科学共同体某些精神因素的影响。

(一)关于"科学"

不能从一个角度看待科学,科学可以有多种呈现,按照贝尔纳的解释,科学可作为"建制、方法、知识传统、维持或发展生产的因素、构成信仰和对宇宙和人类的诸态度的最强大势力之一"①而存在。

1. 一种认知方式

科学要获取客观世界的本质与规律,追求、把握真理性的知识,立足"物的尺度"是必然要求。它以一种"铁律"的面貌出现,背离了这一原则,再伟大的科学家,也"巧妇难为无米之炊",不可能获取真知。即使有人宣称获得了伟大发现,也经不起时间的推敲和科学的检验。所以,科学作为一种认知方式,是一种实事求是的、光明磊落的认知方式。

物质生产、阶级斗争和科学实验均是人类的实践活动,但是科学同前两者还存在区别,在于科学具有根本性的认知属性,科学对客观世界的改造必须以认知为前提,科学的服务社会功能也是基于此。当然科学的这种认知方式不是完全独立的,还有社会性的因素参与其中。就科学认知主体而言,是由科学家组成的科学共同体,运用科学仪器、实验方法等,对认知客体,即带有人类实践印记的自然界进行的认知活动。所以,科学认知方式不同于个人活动,也不是简单的缺少组织性和计划性的群体活动。当然,科学认知过程中,应尽可能减少社会性对科学自主性的干扰,目的在于保证科学知识的真理性、客观性。

2. 一种知识系统

科学是人类独有的一种实践活动,本质上是对社会存在的反映,是社会

---

① 〔英〕贝尔纳:《历史上的科学》,伍况甫等译. 北京:科学出版社,1981年版,第6页。

意识的表现形式之一。科学产生于科学实践活动中，以概念、范畴、定理、命题、假设、陈述、定律、公式等形式，依据严格的逻辑系统而组成的知识体系。科学是相对真理和绝对真理的统一，具有客观性、准确性，是人们可以依靠的力量。所以，科学知识同宗教、迷信、神话、伪科学具有质的不同，并且，科学也是鉴定后者之利器。同时，科学知识是按照严格的逻辑原则建立起来的系统体系，科学知识又区别于经验、判断和常识。

科学作为知识系统，涵盖了自然、社会、思维等领域，是对世界本质与规律的把握，又反过来指导人们的科学活动，预设科学目的和步骤，对科学实践具有导向和选择作用。科学作为知识系统，反映着人们本质力量的增强，人类掌握的科学知识越多，对客观世界的把握就越全面和从容，人类的自主性就越强。科学是人类从"必然王国"走向"自由王国"强有力的工具和杠杆。

3. 一种文化类型

首先，科学中蕴含的知识、理论、观点等，经过普及教育，一旦被社会大众所知悉和掌握，就会对价值观、思维方式、行为规范、审美旨趣等产生影响，表现为对认知、知识、价值三个方面的塑造，提高了人们认识世界、改造世界的能力，而且赋予了正确的价值导向。其次，科学方法是科学之所以成为科学、与其他活动相区别的关键因素。科学方法不仅仅存在于科学活动中，实际上科学领域中的"发现问题—提出假设—经验检验—发现新问题"为基本程序的科学方法，在人们掌握其要义和主旨之后，对社会科学和日常生活都会产生影响，会体现为精密、确凿、言之有据、有条不紊的思维方式和行事品格。再次，科学不仅仅是一种物质力量，还是一种重要的精神力量，是文化内容的重要组成部分，通过科学精神体现出来。科学家身上蕴藏的彻底求真精神、为真理献身、艰苦卓绝、淡泊名利、独立人格、自由思想等品格，是每个人都值得学习和拥有的世界观、价值观和思维方式。科学家的光辉典范和事迹,对于培育民族精神和爱国主义,具有时代感召力和现实吸引力。科学家的道德规范、价值观念,更是对社会主义核心价值观的践行,成为先进文化的重要组成部分。最后,科学是文化的一种表现形式,就当前我国的文化战略而言,包含有科技文化。科技文化和当前我国的主流文化,即核心价值观,关系密切。现代科学文化以追求真理为目标,运用科学方法实现对客观世界本质和规律的把握。科技文化和社会主义核心价值观散发出科学精神和人文精神的风采,本质上具有相通性。

4. 一种社会建制

科学发展有其自身的规律和内在逻辑,有其相对独立的社会建制。这种建制集中体现于默顿对科学的精神气质的概括:普遍主义、公有性、无私利性、有组织的怀疑。具体表现为一套以"普遍主义"为核心的社会行为规范、一种以"同行承认"为基石的奖励制度、一种以"精英统治"为特点的社会分层、一种以"无形学院"为核心的学术交流方式等。① 科学的社会建制通常以大学、研究所、实验室、课题组等机构存在于科学领域和科学事业当中。人们通常所说的"科教文卫"中的"科",大多指的是科学体制的部门机构。

总之,可以从不同的侧面认识科学,但又不能仅仅局限于某个侧面,科学知识强调静态和结果层面,科学认知侧重动态和过程,科学建制和文化强调科学的社会性方面。只有把这几个方面结合起来,对科学的认识才是全面的、透彻的。全面、客观地评价科学,必须坚持:首先,科学并非万能的。就自然科学领域而言,还存在大量科学尚不能解答的问题。未知领域在不断扩大,甚至有超越已知领域之势头。而且在社会科学和人的精神领域,在道德和价值领域,科学更有无力之感。科学的这种无力,也证明了人文的存在价值,并且将科学方法应用于人文社会科学领域,还存在着方法的创造和转化的问题。其次,科学并非完美无瑕。科学技术诞生以后,也会给环境、

---

① 马来平:《科普理论要义——从科技哲学的角度看》,北京:人民出版社,2016 年版,第 169 页。

生态、自然资源带来负面效应和破坏性效果,而且封建迷信、伪科学也往往打着科学的幌子招摇撞骗。即使以科学的方法来解决问题,往往在解决一个问题的同时,又引发了其他问题,解决起来反而更加棘手困难。再次,科学并非永远正确。科学精神的内容之一即是宽容理解精神,可错性是科学的一种属性。波普尔的"可证伪性"说明了科学只有不断被否定,才是正确的。只有"伪科学"才打着绝对正确的旗号,以科学的面貌出现,实际是对科学可错性的偏离。并且,在社会建制中,科学并非完全客观的,而是被注入了人的价值观念。

(二)科学精神的核心

人们对科学精神的认识经历了一个过程,在近代发起的向西方学习科学的运动中,人们开始关注科学精神。五四以后,人们普遍感到传统文化中科学、民主的缺失而关注科学精神。在现代,科学精神一是用来反对伪科学和封建迷信,提高人们科学素质的利器;一是用来实现传统文化现代化,发展科学文化的有力工具。

科学精神的重要性毋庸置疑,但在理解科学精神的核心层面,还存有异议。因认识的角度不同,譬如从认识论、社会关系层面、价值层面来认识,得出的结论自然不同。因此,要避免出现众说纷纭的情况,就必须界定科学精神的认定原则。就科学精神的核心而言,它应伴随着科学的产生和发展,必须融贯到科学的其他方面,科学精神的内容均在核心的基础上得以产生、衍射。并且,科学精神的核心必须有相应的文化背景,在科学传统浓厚的国度中更为明显。

"科学之初,何尝以其实用而致力焉? 求真而已。"[①]显然,求真精神乃是科学精神的核心,成为促使科学不断发展的动力。求真,使科学的发展由自

---

① 杨国荣:《科学的形上之维——中国近代科学主义的形成与衍化》,上海:上海人民出版社,1999 年版,第 146 页。

发进而到自觉,使科学从哲学的母体中分离出来,进而在与宗教、神学、世俗偏见的斗争中,科学由弱到强,从事科学成为专门的职业。科学家身上那种强烈的求真精神,也成为感染世人、吸引后人前赴后继地献身于科学的重要精神力量。

科学是动态和静态的结合,通过认识世界的实践活动得出表征世界本质和规律的知识体系;科学又是自主性和社会性互现的社会活动,科学的社会建制应尽可能减少对科学自主性的干预。科学若失去了求真,也就不能称其为真正的科学活动。科学在由相对真理走向绝对真理的过程中,必须以严密的逻辑和精确的语言保证知识的客观准确。并且,社会建制系统是为科学求真服务的职能部门,要为科学求真提供各种保障条件。求真把科学与其他文化形式区别开来,如法律、哲学,甚至各种伪科学,都非常讲究逻辑性,但是在合规律性方面,显然明显逊于科学。就科学与宗教、政治而言,后者具有非常明显的人文精神,更多是信仰和价值观的诉求,而科学的求真,则与理性相联系。

科学的求真精神包括三个方面:首先,坚持研究对象客观存在的唯物论。"真"即是指客观对象的本质、规律、属性等,是独立于人的思想而客观存在的,而不是人们头脑中想象、杜撰出来的。这就要求科学研究必须坚持唯物主义的世界观,否则,若研究对象的本质和规律是人头脑中的产物,科学研究也就没有存在的必要。科学研究的对象,存在于人的实践过程中,要把"对象、现实、感性""当作感性的人的活动,当作实践去理解"。① 所以,科学的求真精神,就是尊重客观生活、实事求是的精神。其次,求真精神的"求",是相信思维能够正确把握客观事物,思维和存在具有统一性,即相信世界的可知性。假如客观事物不能够被思维所把握,那么也就没有求真的必要性了。再次,求真精神表现为实践是判断理论是否具有真理性的标尺。科学研究过程中获得的认识和理论,究竟在多大程度上反映了对客观世界

---

① 〔德〕马克思,恩格斯:《马克思恩格斯选集》(第1卷),北京:人民出版社,2012年版,第133页。

的正确把握,即认识和理论是如何实现了绝对真理和相对真理的统一,只有实践才是检验真理的唯一标准。"意识在任何时候都只能是被意识到了的存在,而人们的存在就是他们的实际生活过程。"①因此,求真精神既要做到一切从实际出发,还在要实践中不断扬弃理论,实现"否定之否定"的发展。

(三)科学精神的内容

科学精神的内容是科学精神的核心在科学不同层次、不同侧面、不同环节的具体显现,本质上都是求真精神的体现。但是内容之间,地位不同,有主次轻重之分。围绕求真精神,科学精神最重要的内容是理性精神和实证精神,这也被誉为科学精神的"一体两翼"。可以说,求真、理性、实证在科学发展的不同阶段,往往都是比较稳定的。而科学精神内容的其他方面,在科学的不同发展时期,当人们对科学的侧重点不同,或者科学承担的历史使命不同,科学的关注点自然不同,因此科学精神的内容就会有不同的表现。

1. 理性精神

坚信自然界存在客观规律,并且具有可知性,是理性精神得以产生的前提。理性是在感性认识的基础上,以概念、判断、推理的形式来把握事物本质和规律的思维活动和认识能力。科学作为认识中的高级形式,一定意义上可以说,没有理性就没有科学,科学是理性的集中体现。理性精神以数学、逻辑和实验为要素,保证了科学研究成果的系统性、可靠性和精确性,运用批判、反思、实证来反思概念、批判推理和抽象思维,以指导科学实践活动的开展,从而使科学实践成为合目的性、合规律性以及合逻辑性的统一。

首先,理性精神体现在对自然界的认识当中。主体理性运用抽象逻辑思维能力,获取反映事物本质与规律的客体理性,把人从自然界的奴役下解

---

① 〔德〕马克思,恩格斯:《马克思恩格斯选集》(第1卷),北京:人民出版社,2012年版,第152页。

放出来,赋予世界的可知性,同时赋予人求知、探索的能力和动力。人在尊重规律的前提下,自觉地与迷信、伪科学、反科学划清界限,既有利于人类科学素养的提高和科学文化氛围的形成,也促使人的理性精神不断获得发展。

其次,理性精神体现在科学研究过程中,以数学作为理性思维和逻辑思维的工具。"数学是一种极其有用的和精确的语言,数学也是一种逻辑,概念之间关系的逻辑,它使得许多科学领域中的巨大进步成为可能"。[①] 理性精神要求主体理性站在客体理性之外,对观察、分析、推理之结果,以数学的精确性和确定性得出的普遍概念作为理性思维之结果。

再次,理性精神贯穿于科学的精神气质当中。默顿将科学的精神气质归结为普遍性、公有性、无私利性和有组织的怀疑。科学研究以客观的实践活动为基础,而不是以人的社会属性来判断是非;将科学成果及时公之于众而非永久独占;不以科学作为谋取私利的手段;依据理性思维,基于科学事实,对现有的研究成果审视、质疑、批评、修正、完善或者抛弃,都是理性精神在科学研究实践活动中的运用和展开。

2. 实证精神

获取真理的过程中,除了要坚持理性精神,即坚持理性的审查,还必须坚持实证精神。科学理论、定律、假设等必须经过科学实验的检验,凡是已经被科学实验检验、证实或者确认的真理,成为相对真理的表现形式。即将被实验检验或确认的真理,以潜在真理的形式存在。科学基于事实而产生,科学理论的最高检验标准即是通过科学实证的验证,可以说,实证作为一扇大门,将科学理论与非科学理论一分为二,科学实证使科学与一般的知识形态和思想观念相区别。从这个层面而言,科学就是实证科学。

实证精神的本义就是,实践是检验真理的唯一标准,按照客观世界的本来面目来认识世界,以观察和实验作为检验的工具手段,并且以数学作为精

---

① 〔美〕巴伯:《科学与社会秩序》,顾昕译,上海:三联书店,1991年版,第18页。

确的表述语言。对实验本身也坚持实证精神,这就要求实验必须具备可重复性。实证精神是科学得以产生的实践基础,任何未经证实的科学理论只能作为假设而存在。通过实证,科学假说得以确证,正确的科学概念得以确立,错误的被证伪。

实证精神,使科学与伪科学、封建迷信相区别,使科学充满了正义的力量。既然一切科学理论都必须经过实践的检验才能有理有据,我们说话做事也必须从实际出发,实事求是,有几分材料说几分话,有多少证据下多少判断,防止主观夸大和恶意扭曲。实证精神体现出了科学的严格性,任何理论和假说必须接受实证的检验。实证精神使科学成为真正意义上的科学。

以科学的求真为逻辑起点而产生出来的理性精神和实证精神,体现了科学精神的两大支柱,它们分别代表了科学研究中的理性论和经验论的倾向,二者珠联璧合、相得益彰。在此基础上而衍生出科学精神的其他内容,既成为促使科学诞生和发展的精神价值,推动了科学的发扬光大,也成为提高主体科学素养的精神动力,丰富了人的精神世界。

3. 自由精神

在不同时期的科学实践活动中,科学精神会呈现出不同的内涵,自然而然也会有不同的特征,但科学精神始终内含自由的因子,在任何时期都是始终如一的。失去了科学自由探究的精神,不敢怀疑经典,不敢批判,更谈不上创新。"科学具有自由的品格,科学存在的本质就是自由,科学应该是、并且注定是自由的。"①

爱因斯坦将自由精神分成外在自由和内在自由两种情形。具体而言,外部自由是指科学研究要有自由宽松的环境,有从事科学研究的自由,获取、利用、决定科研资源的自由,发表、交流学术成果的自由。内部自由是科学研究者具有敢于怀疑、批判的自由,能够遵从自己的内心而不受世俗、偏

---

① 李醒民:《科学的自由品格》,《自然辩证法通讯》2004年第3期,第5页。

见、习惯和利益的羁绊和束缚,独立、自由地进行科学研究的自由。自由精神体现了科学研究人员独立思考的人格和开放的学术态度,体现了对知识执着的追求和求真的动力。

自由精神有两个特性:批判性和非功利性。自由的科学必然是敢于质疑和批判的学问,并且具有纯粹的超功利性,并非只专注于实用性。自由精神使科学作为一门独立的学问,不受实利所左右。自由源于对世界的好奇和诧异,萌发于人们对自由生活的追求中,诧异者感受到了人在自然界中的无知和无助,为了摆脱这种无知和无助而求真,不带有任何实用的目的。这种自由的前提即是爱因斯坦所说的从事科学活动的实践和精力,即是"闲暇"。具有自由精神的人,成为理性的人,这种理性贯穿于科学精神当中,使科学研究活动在理性的基础上,因自由而摆脱了依附性。

4. 怀疑精神

怀疑作为一种认知态度和思维方式,是对现存事物合理性状态的追问和反思,是人类不断超越自我的自觉意识。对事实无止境的追问,敢于推翻书本、前人结论、主流观点,甚至对自己的理论也时刻保持警醒。"学贵知疑,小疑则小进,大疑则大进。"怀疑是科学发展的先导,也是创新的动力。科学不是宗教,宗教要求人们对其绝对的虔诚,甚至达到迷恋、不辨是非的程度;科学又不是教条,要求人们严格恪守"本本主义",思想禁锢,故步自封。思想压制、学术垄断、行政命令都不利于科学的发展。但是,怀疑是有前提的,只有遵循严格的推理和可靠的数据的怀疑,才能引发人们对现有理论的反思和批判,怀疑才是有价值的。

首先,怀疑精神表现为敢于怀疑经典和权威,在怀疑和继承之间保持适当的张力。科学作为对未知领域的不断的探索过程,任何理论和规律的获取,都是在相对有限的范围内才能成立,作为相对真理的表现形式,都是允许并且要经得起人们怀疑的。因此,要敢于把"批判的武器"指向经典和权威。但是,在新的科学实践发现相对真理的局限性之前,是不能贸然将其全部推翻的,所以,"怀疑的视角"应控制在有限的范围之内。其次,要勇于怀疑自己的理论,在怀疑自我与坚信自我之间保持合理的尺度。怀疑他人容易,怀疑自我很难,个体的思维方式和心理结构一旦形成,再进行自我突破往往需要和"固步自封""作茧自缚"做斗争。伟大的科学家必须不断通过知识更新来实现自我反思、批判和创新。再次,要允许别人怀疑自己的理论,时刻对自己的理论持有警醒。允许别人怀疑自己的理论,并不是妥协或者退让,本质上是对求真的坚持。科学家之间的相互争论、切磋,也是科学宽容精神的体现。

5. 批判精神

科学研究要不断求真、继续创新,就必须具有批判精神。批判精神既包括对前人理论、已有理论的审视批判,也包括对自身理论的不断否定和推翻,从理论的不断运动中,从与谬误的斗争中,以一种彻底的批判精神,摒弃各种利益纠葛,不断揭示真理本质,促进科学发展。科学研究人员要具备彻底的批判精神,必须养成辩证法的世界观:"辩证法对现存事物的肯定的理解中同时包含着对现存事物的否定的理解,即对现存事物的必然灭亡的理解;辩证法对每一种既成的形式都是从不断的运动中,因而也是从它的暂时性方面去理解;辩证法不崇拜任何东西,按其本质来说,它是批判的和革命的。"[①]科学批判精神也具有辩证法的特质,不崇拜任何科学理论,不把任何科学理论神圣化,对任何科学理论也会从它的产生、存在、发展、灭亡,即从它的暂时性方面去理解,不断揭示科学理论的内在矛盾、发展规律和未来趋势。

批判精神一方面要反对绝对主义的世界观,这种只肯定、不否定的保守主义世界观,把事物固定化、永恒化;另一方面,相对主义的世界观,貌似带

---

① 〔德〕马克思,恩格斯:《马克思恩格斯选集》(第2卷),北京:人民出版社,2012年版,第94页。

有革命性的批判精神,但因其批判的不彻底性,因而是虚假的、形式上的批判,本质上是一种虚无主义。彻底的批判精神,必须站在无产阶级的立场上,进行科学研究。若仅满足于个人或者小团体的私利,把能带来物质利益的事物、理论视为永恒和神圣的,则必然丧失批判精神,甚至与批判精神为敌。

6. 创新精神

创新源于怀疑精神以及对科学研究强烈的兴趣,从确定和有限的科研成果中找出不确定性和不稳定性,并力图改正。创新精神和成果促成了科学观念、科学制度和科学精神的产生,形成了人类的科技史和科学文化。创新不是随意否定前人观点,不是无意义的重复劳动,更要杜绝对他人成果的抄袭。创新是在承继前人思想成果的基础上,做出重大的独创性发现,在知识量变的基础上实现质变。创新精神保证了科学成果的不断涌现,使科学实践活动不断接近真理本身。创新精神要求科学家始终具备好奇心、创造意识和批判精神,以敏锐的洞察力、丰富的想象力、见微知著的直觉力,在扎实的专业知识基础上,善于发现问题,思考判断。反对"永恒真理论",反对经验主义和教条主义,不断建构起关于真理的知识理论体系。

创新精神是科学研究人员具有不断超越前人、提出新的科学理论的信念和精神。创新精神之所以必要,是因为研究的客体和主体都是客观地、历史地生成的,都受到既定历史条件的限制,"在直接碰到的、既定的、从过去承继下来的条件下创造"①。因此,主体获得的对客体的认识,即这种同一性,是有差别的、相对的同一性,是真理链条的一个判断、一个认识而已,不可避免包含着谬误的成分。

就创新和求真的关系而言,创新的本质是为了更好地求真。创新既是求真的要求,也是求真的表现。不能离开求真来创新,创新最终意义上是为

---

① 〔德〕马克思,恩格斯:《马克思恩格斯选集》(第 1 卷),北京:人民出版社,2012 年版,第 669 页。

求真服务的。背离了求真的目的而进行的形式上的创新,这种所谓的新理论,即使不同于前人,因其内容脱离了实际生活本身,并不能很好地推动真理实践的展开。同时,求真必须不断进行创新,不创新就不能发现真理、探究真理。故步自封、囿于前人,既扼杀了创新精神,也使求真精神名存实亡。

7. 民主精神

科学研究不受个人出身、性别、宗教等因素的限制,从事科学不是少数人的专利,也并非局限于科学家和科学共同体内部,每个人都有从事科学实践活动的自由,在法律许可、道德允许的情况下,都具有开展科学研究、进行科学发明创造、表达科学观点的权利。

科学民主精神主要表现为真理面前人人平等,面对科学问题和研究成果,每个人都有发言的权利,科学面前只有对错之分,没有研究者的高低贵贱之别,并且,科学对错的评判标准,也只能是基于观察和实验的实证,而不是学术权威和主流观点。科学作为对自然界探求的结果,是人类共同智慧的结晶,理应为全人类造福,所以,科学的民主精神要求科学成果必须公开,而不能视为己有,更要允许和接受他人的批判、质疑,并在民主的基础上实现科学理论的创新。建立在民主基础上的争论是以求真为目的,唯有此,争论才是受人敬重的,才能接受实践的检验。正是因为有了民主精神做基础,多元的争论、理性的怀疑、平等的交流才得起产生,经得起批判讨论的科学成果才弥足珍贵,科学家才愈发受人敬重。

8. 宽容精神

科学的宽容精神与批判精神并不矛盾,因为辩证法不仅有革命的一面,还具有保守的一面,在一定的时间和既定条件之下,任何认识和社会发展阶段都有存在的理由。宽容精神是科学家应有的学术风度之一,个体在大自然面前毕竟是渺小的,能力是有限的,科学研究要受到很多客观因素的制约,如社会生产力发展水平导致的实验工具、仪器设备是否先进等,而科学研究是复杂的脑力劳动和思维活动,社会发展阶段和任务又往往设定了科学的研究对象。科学研究成果在主客观的作用下,得出来的结论谁也不能保证是完全正确的,可错性是科学的本性之一,宽容精神遂成为科学精神的内涵之一。宽容精神对待已被证伪的理论,也承认其在科学链条上的意义和价值,给予其阐释和讨论的机会。同时,科学家面对批评,不能耿耿于怀,更不能伺机报复,而应心平气和,甚至非常欢迎不同的观点和声音。正是因为有宽容精神,才能使科学不断由相对真理走向绝对真理,人类也由必然王国一步步走向自由王国。

科学研究不能设置框架和范围,科学研究可以有多种模式,任何设定框架和模式的行为,都不是科学宽容精神。宽容精神之所以必需,是因为新的科学理论产生之初,人们因偏见和特定的思维方式,很难一下子就接受。并且,理论难免有不足之处,不能盯着不足求全责备,要给理论发展留有余地。并且科学真理一开始往往掌握在少数人手里的事实,更加印证了宽容精神的必要。谬误和真理可以相互转化,不能用行政手段对待科学问题。不同科学流派可以平等讨论、自由竞争,不唯书,不唯上,以科学实验和观察以辨别真伪。宽容精神为科学研究提供了良好的文化氛围,开拓了广阔的自由空间,有利于促成百家争鸣、百花齐放的科学研究局面,进而有助于促进科学全面深入发展。

9. 献身精神

公有性是科学的精神气质之一,公有性要求科学家从事科学研究的目的,是对人类命运的关注,在人与自然、社会和谐相处的前提下,实现人类长久的幸福。科学研究需要一种忘我的牺牲和献身精神,这种献身精神,不是一时冲动,不为追求名望声誉,而是对知识纯粹的获取,更是对科学事业的笃定和坚持。"为科学而科学",把投身科学化作一种信念而存在,矢志不渝,把促成科学事业的发展和造福人类作为最高的理想。这种崇高的理想和坚定的信念,使科学家抛弃了名利等身外之物,置身于科学事业中,默默无闻,淡泊名利。科学不是沽名钓誉、哗众取宠的手段,科学的献身精神是宁肯为真理而献身。古今中外无数科学家,如布鲁诺、伽利略等人,在追求真理的道路上前仆后继,用生命和鲜血浇注了绚丽繁茂的科学之花,谱写了科学发展的不朽篇章。中国优秀的知识分子,如邓稼先、陈景润等人,为了祖国科学事业的发展和进步,牺牲了自身的健康和家庭幸福,甚至生命,成为科学献身精神的典范。

10. 科学伦理精神

在科学研究、发展、应用过程中,必须有一套必不可少的规范机制和调节手段,科学解决的是"是否能够做"的问题,而科学伦理精神解决的则是"是否应该做"的问题。科学伦理精神对科学研究的规范、调节和约束,不是为了阻碍科学研究进展,而是通过人文关怀,尽可能最大限度地减少科学技术对人类的不利影响,趋利避害,为人类长久的幸福考虑。

科学伦理精神强调的是科学家的责任担当,在科学研究中,要实事求是,不能弄虚作假,应该而且必须承担起一定的社会责任:既要推动科技进步,还要避免科技滥用,要保证科学知识的正当使用,而且要具有学术敏锐性,能够防患于未然,在科学研究临近危险点的时候,能够果断、明智地予以停止。科学家应具有广阔的学术视野,不能只局限于研究领域本身,而应上升到人与自然和谐、可持续发展的天地境界。科学家身上肩负的这种人道责任和社会职责,就是科学伦理精神在发挥作用。

爱因斯坦认为,科学家在追求宇宙的和谐和简单性的同时,还要关心人的劳动和产品分配这样的社会问题,并且要承担起科学家的社会责任,保证科学不被滥用,而是为人类造福。今天,诸多高新技术的出现,既给人类提供了诸多便捷,提高了生活幸福指数,也带来了一系列伦理、生态、环境、资源等问题。在法律和制度还不太健全的情况下,人类讨论和关注的焦点应着眼于科学伦理精神,倡导伦理精神应成为人类看待和解决此类问题的衡量标准和主要原则。

总之,科学精神的诸内容之间是相互联系的,科学精神以求真为核心,围绕求真精神,以理性为指导、以实证为手段、以怀疑为动力、以创新为方式、以民主为媒介,在宽容的氛围中,独立思考、大胆求证、自由探索、平等争论,从而使人们形成了求真的品格、批判的思维、创新的动力、献身的品德。在科学研究活动中,科学精神对人的影响,于潜移默化中成为一种巨大的力量。这种力量本身,甚至会对科学共同体外部的整个社会产生重要影响:因求真而摆脱虚伪、以理性来克服冲动、因实证而平衡想象,以创新来取代保守、以民主来抑制专制、以怀疑来取代从众、以宽容来代替刻薄、以独立来取消依从、以自由来克服压制。科学精神蕴含的强大的、持久的精神力量,既是时代发展对科学本身提出的要求,也是人性发展作用于思维方式和价值观层面提出的更高要求。

三、传统文化与科学精神

传统文化视阈进行科学精神的培育,并不是将两个毫不关联的思想和理念强行凝结在一起,传统文化和科学精神在很多层面上具有相通性,这为二者的融合提供了文化背景和思想前提。

(一)科学与文化

从广义的文化意义上来理解科学,科学是文化的表现形式之一。因科学又具有独特的文化特点,科学与文化的其他表现形式,如艺术、文学、宗教等又有所区别。

1. 科学是文化

首先,科学是一种深邃的思想。科学最初并没有取得独立的存在形式,而是杂糅在哲学当中。任何关于自然界的科学成果,都内含哲学思想,当这种科学成果逐渐从哲学中分离出来,在哲学领域和科学领域产生了一定的社会影响之后,必然会以思想的形式对人们的价值观、思维方式产生影响,透显出文化的影响力。

其次,科学是一种严谨的分析方法。科学方法是科学及科学成果诞生的关键,并且,自然科学方法并不仅仅在自然科学领域具有存在价值,可以"嫁接""移植"到人文社会科学领域,使这一领域的问题分析更注重概念的界定、层次的逻辑性和结论的严谨,有助于社会科学开展研究。

再次,科学是一种光明磊落的精神。科学的含义之一即是作为社会建制而存在,在这种特殊的社会建制中,必须有一套约束科学家和科学共同体的价值体系,即科学精神,以保证科学研究活动的顺利进行。科学精神是对科学知识和技术的抽象概括,是科学的灵魂和主旨。科学精神不仅规范科学活动,还可以渗透到人类的其他社会活动,如民主政治领域,以科学精神来提高人们的精神素质和社会的文明程度。

最后,科学是一种深厚的道德规范。科学精神作为一整套约束科学共同体的有感情色彩的价值体系,又以一种道德规范的形式,约束、调节、协调科学共同体内部的关系。并且,协调科学共同体与政府、企事业单位的社会关系。尤其是科学研究引发了新的社会伦理道德问题,对既有道德观念造成了强烈冲击,促使人们反思科学的伦理价值之时,科学的道德规范属性表现得愈发明显。

2. 科学文化的特点

首先,冲破地域和文化限制的普适性。科学作为探究自然界本质和规律的实践活动,其科学成果和知识具有最大程度的客观性。这种客观性使得科学可以冲破地域、文化,甚至意识形态的限制,而被其他国家和民族所借鉴、学习和使用。诚然科学不可避免地带有本国独特的文化印记,但科学作为一种无国界的活动,促使不同的民族文化能够共同对话,共同解决人类面对的全球问题,促进了人类文化的发展。

其次,特色鲜明的时代性。马克思说:"手推磨产生的是封建主的社会,蒸汽磨产生的是工业资本家的社会。"①物质生产活动是科学发展的根本动力,一定时代的科学成果,是社会生产力发展水平的见证。并且,科学研究所运用的概念、范式、定理、实验工具、研究对象等,都是特定社会发展阶段和时代特征的显现和证明。

再次,强大的社会渗透力和文化影响力。科学是第一生产力的观念已经深入人心,随着科学社会化的广度、深度的扩大和加深,社会科学化的范围、领域的扩大和延展,科学文化已广泛地渗透到社会的政治、经济、文化等一切领域。但就文化领域而言,不管是宏观层面制定国家的文化总体战略,还是微观层面践行具体的文化形式和内容,均需要科学文化的观照。科学文化既可以塑造文化形式、丰富文化内涵,又可以提升文化魅力、增强文化竞争力。

(二)科学文化与传统文化

科学文化与人文文化是同一层级的文化范畴,学界对二者的关系做了大量深入、广泛的讨论,对此不再赘述。传统文化是人文文化的特殊表现形式之一,就传统文化与科学文化的关系而言,涉及二者的相互作用,以及内容的交互性问题,而这也是本研究诸多问题的立论基点和展开依据。

---

① 〔德〕马克思,恩格斯:《马克思恩格斯选集》(第1卷),北京:人民出版社,2012年版,第222页。

1. 就传统文化对科学文化的滋生、发展而言

传统文化对科学文化的作用,学者众说纷纭、莫衷一是,观点有三:其一,传统文化对科学文化无作用。以儒家文化为主的传统文化,重视内心修养,反身向内,而科学注重对外部世界的探究、征服。二者的核心价值观不同,没有交集,没有你来我往的交互作用。其二,积极作用。传统文化内含科学的因子,新儒家认为通过返本开新,传统文化可以自我坎陷开出科学之花。其三,消极作用。中国封建社会科学技术领先于世界,但是不存在真正意义上的科学,儒家文化是阻碍近代科学在中国产生的罪魁祸首,如李约瑟就认为儒家文化"对于科学的贡献几乎全是消极的"。[①] 以上三种观点均有相关佐证,但以此来定性传统文化对科学文化的作用,难免失之严谨。传统文化博大精深,要得出其对科学文化的作用,首先主观上必须持全面、客观的认知态度,防止陷入先入为主、受他人观点左右的泥潭。其次,要对传统文化做耐心细致的剥离工作,就其涵盖的内容、方法、观点等,逐一分析其对科学文化的影响。可以说,不乏一些观点认为传统文化对科学文化有正反两方面的作用,单纯是积极或消极的,少之又少。这种分析,又可以得出对传统文化是发扬光大、创造性转换、完全摒弃还是创新性发展的问题。然后再分而后总,得出传统文化对科学文化的总体影响。

2. 就科学文化对传统文化的改造、影响而言

传统文化是中国特色社会主义文化的根基,根基要想打得牢、打得深,不能固守文化既有成果,传统文化还要不断开拓创新,实现现代性转换。可以说,科学文化的融入,是传统文化现代化的重要内容之一。首先,扩大传统文化自有的科学因子。传统文化本身的某些人文思想具有滋生、发展科学文化的潜质,传统文化的自然国学知识、研究方法、思维方式,与现代科学

---

① 〔英〕李约瑟:《中国科学技术史》(第2卷),北京:科学出版社,1990年版,第1页。

文化均有契合之处,按照现代科学文化的标准和内容,可以对这部分内容进行转化和改造。同时,不利于、禁锢科学文化萌发的思想观点,则要合理摈弃。其次,引入以科学精神为代表的时代精神。从科学精神那里汲取时代灵感,通过对最新科学成果进行哲学概括,形成科学的理论和方法,扩大科学文化成分。再次,借助科学文化手段,增强传统文化的宣传力度。传统文化需要借助丰富多样的创作方式和传播方式以宣传弘扬,科学文化可作为技术手段,开辟传统文化供给空间,满足社会大众对传统文化产品的需求。

可以说,实现传统文化的创造性转化和创新性发展,不管是扩大自有科学文化成分,还是借助时代精神中的科学精神,科学文化都是实现传统文化现代化的重要手段和支撑条件。

(三)科学精神与人文精神

"科学从来就不只是一种工具,而是一种精神文化",[1]科学精神是使科学之所以成为科学、把科学与其他实践活动相区别的重要因素,是科学的灵魂和精髓。科学精神奠基于科学知识和科学方法之上,是对科学思想和科学文化的抽象与概括。科学精神不仅是促进科学发展的重要因素,其蕴含的价值诉求和人文因素,如科学家身上的严谨求实、科学理性等思维和规范也是提高人的精神境界和道德素质、促进人的自由全面发展的重要力量。

"人文"一词最早出现于《易传》中的"观乎天文以察时变,观乎人文以化成天下",人文的最初含义就是与文明相连,它追求的是秩序、规范和条理,进而引申出对善和美的向往。科学在追求知识真理、创造物质文明的同时,也在创造精神文明,促使人类不断实现自身的价值,给人以崇高理想,不断超越,提升了人生境界。科学通过求真以实现对善和美的追求,进而实现对人的终极关怀。"科学精神并非只是自然科学的精神,而是整个人类文化精

---

① 董光璧:《科学是一种精神文化》,《光明日报》,1997 年 4 月 12 日。

神的不可缺少的组成部分。"①科学精神和人文精神具有不同的内涵和特征，就人文精神而言，相对于科学精神的求真，人文精神追求至善和求美，善、美作为一种超越精神，更关注人的价值、意义和命运。

自然科学的研究对象及其规律具有客观性、精确性，人们从这种客观性出发，抽象出了科学的概念，而在科学基础之上形成的文化精神称之为科学精神。可见，科学精神是内含人文精神的，二者具有相通性，都是建立在客观世界本质和规律的基础之上。科学精神侧重于探究自然界的本真以及人与自然关系中的物质和现象，人文精神侧重于人的理想、价值以及人与社会中的问题和现象。

就科学精神的人文内涵而言，首先，科学精神中的求真、求实精神，与人文精神中的实事求是、求真务实精神具有本质上的一致性。科学研究探究规律、发现真理，必须从"实事"出发，即从客观存在的一切事物出发。科学研究中的团队精神、团结协作，更是不浮夸、不浮躁、踏实肯干的求实风格的体现。而科学理论的证实或证伪，更是要坚持实践的检验原则和标准。所以，科学求真本质中体现出来的思想认识和工作方法，诸多涉及人文精神的重要内容。其次，科学精神中的理性精神，与人文精神中的注重礼法、规矩、秩序、尺度、分寸等，具有价值观念上的相通性。科学精神注重理性和逻辑，人文精神中的"约之以礼法"，都是对秩序、规矩的追求。只不过科学的理性精神是基于自然规律而产生，人文精神的重秩序和礼法是从人的需要和价值出发。但就科学为人类服务和为社会造福这一终极目标而言，科学精神和人文精神又是"百虑而一致，殊途而同归"。最后，科学的创新精神与人文精神中的积极进取、革故鼎新的开拓意识又具有相通的精神禀性。科学精神重创新，标新立异、独树一帜，科学的创新精神体现在观念、思路、理论和研究方法的创新。可以说，科学的每一个重大发现、发明，科学理论的提出，

---

① 孟建伟：《科学与人文精神》，《哲学研究》1996 年第 8 期，第 23 页。

科学规律的揭示,科学成果的应用,都是创新的动力使然。创新精神并不仅仅属于科学领域,人文科学领域也存在着创新的必要和动力。人文精神求进取、与时偕行、吐故纳新,被广泛地运用到经济、政治、文化、教育等领域。二者都是激励人生奋进的精神动力,给人类文明创造了巨大的物质财富和精神财富,都属于社会主义先进文化的组成部分。

就人文精神对科学精神的萌发、发展而言,思想观念的活跃,人文精神的自由,文化的进步,都是科学精神孕育、滋生、高扬的社会文化环境。古希腊灿烂辉煌的文化和艺术,孕育出了科学的探究精神和精细规则。中国科技史上的三次科技发展高峰,均与当时先进的、活跃的文化氛围相关。欧洲历史上的文艺复兴和宗教改革,倡导人的理性和自由,主张以人的现世幸福来代替对神的膜拜,思想观念的解放加之政教分离,引发了欧洲史上的科技繁荣,最终促使欧洲走出了黑暗的中世纪。同样,中国自改革开放以来,关于真理标准的大讨论,确立了解放思想、实事求是的思想路线,破除了"两个凡是"和个人崇拜,理论探索不再设立禁区,文化建设取得的成就,促进了科学技术的大发展、大繁荣。"科学技术是第一生产力的论断"、科教兴国战略的提出,都是重视、弘扬科学精神的有力证明。以上是就文化大环境而言,同样,在科学家和科学共同体内部,宽松、自由、和谐、协作的人文环境,有利于科学家智慧火花的迸发、科研灵感的闪现以及重大科学难题的突破。

第三章 传统文化影响科学精神培育的两种界说

当前我国的文化内容中包含多种文化形式,如以社会主义核心价值观为代表的先进文化、传统文化、革命文化、少数民族文化、其他国家和民族的优秀文化等,这些文化形式都必然和科技文化发生作用。但是,以儒学为代表的优秀传统文化,作为中国特色社会主义文化的根基,在营造文化自信环境中起着至关重要的作用,在中国文明秩序和伦理道德的建构中,发挥着价值体系、思想资源和精神动力的作用。传统文化和科学精神能不能契合,突出道德理性会不会扼杀科学理性,道德和科学的关系如何处理等问题,都涉及统文化和科学精神的作用机理问题。历史上,以儒学为代表的传统文化,因一些不可避免的社会历史原因,一定程度上导致了我国科技发展的缓慢,但不可否认传统文化中蕴含着丰富的、有利于科学精神培育的思想因素。今天要改变我国科学精神缺失的社会现状,处理好传统文化和科学精神的关系仍是一个绕不开的关键问题。

一、传统文化不利于科学精神培育说

历史上,中华民族灿烂辉煌的科学技术曾一度领先于世界,但中华民族被誉为一个文明古国，却不完全是一个科技大国，科学精神并未在中华大地上萌芽、生根。科学精神作为科学研究和实践活动中最基本的价值观念和行为规范，是求真精神、理性精神、实证精神、怀疑精神、批判精神、民主精神、自由精神、创新精神等方面的综合。当今科学精神以其丰富的人文意蕴和巨大的社会影响力，成为当今最显著的时代精神之一。然而中国传统文化最欠缺的是近代意义上的科学、民主、自由等因子。① 显然，探讨传统文化如何成为近代意义上科学精神在中国萌发的障碍，有助于我们深入认识近代以来中西方发展不平衡的深层原因，亦能为培育和弘扬科学精神提供些许参考。

（一）"实用理性"致使科学求真精神被遮蔽

"实用理性"就是它关注于现实社会生活，不做纯粹抽象的思辨，也不让非理性的情欲横流，事事强调"实用""实际"和"实行"，满足于解决问题的经验论的思维水平。② 中华文化起源于比较贫瘠的黄河平原，先人们生活清苦，思想眼光大多关注现实生活，缺乏耽于科学的玄思冥想。"实用理性"成为传统文化心理结构中最深层次，也最为稳定的部分。

1. "实用理性"必然导致求真精神不彻底

对大多数普通民众而言，在生产力水平低下的情况下，终日胼手胝足方能维持生计，没有闲暇以骋身外之思。古人的思想眼光，大多关注现实生活，守着本土，开荒辟地，由点及面。"劳力者"尽管天天同工具技艺打交道，但囿于知识水平和认知能力，心思全在眼前实用，不去"求真"以探究规律。就算偶有心得，也难以形成系统化的理论并推而广之。所以马克思说："事

① 李醒民：《科玄论战的主旋律、插曲及其当代回响（下）》，《北京行政学院学报》2004年第2期，第64页。
② 李泽厚：《中国现代思想史论》，北京：生活·读书·新知三联书店，2008年版，第342页。

实上,世界体系的每一个思想映象,总是在客观上受到历史状况的限制,在主观上受到得出该思想映像的人的肉体状况和精神状况的限制。"①在这里,求真让步于生存。

对科学家而言,崇尚真理的价值观要求科学家要有勇气把对自然界客观规律的认识作为自己的第一生活需要,②真理本位优先于官本位、伦理本位、金钱本位、荣誉本位。然而"实用理性"支配下,事实恰相反,如"搞天文学的人则有升迁的希望。行医是可能的,农业研究则一直受到尊重。但是,炼丹术却深为人们所鄙弃;至于掌握铁匠,水磨匠或其他手艺人的技术,则被认为有失儒者传统",③金钱本位、荣誉本位优先于真理本位。儒家思想成为传统中国的主流意识形态,知识分子皓首穷经钻研儒家经典,对自然科学的关注,自然不够。重"义理"甚于重"艺事",以"德性之知"为知识的最高层面,④伦理本位又优先于真理本位。"实用理性"置"求真"于最末,必然导致求真精神不全面、不彻底。

对统治阶级而言,科学是维护、加强统治的工具。"常使民无知无欲"的"愚民"政策自然与开启民智的科学格格不入,因为"好智则多诈,多诈则巧法令,以是为非,以非为是"。以天文学为例,因"司天台占候灾祥,理宜秘密",历来为国家天文台所垄断,禁止民间习历,"习历者遭成,造历者殊死"。严酷禁令之下,民间天文学不可能获得长足发展。正如列宁所言:"有一句著名的格言说'几何公理要是触犯了人们的利益,那也一定会遭到反驳的'"。⑤ 更有甚者打着科学的幌子,假托天文星象诌媚邀宠。天文学始终跳不出为统治阶级颁布历法的需要,致使对西方天文学的引用到地心系椭圆

① 〔德〕马克思,恩格斯:《马克思恩格斯文集》(第9卷),北京:人民出版社,2009年版,第40页。
② 马来平:《科学文化普及的若干认识问题》,《山东大学学报(哲学社会科学版)》2014年第6期,第10页。
③ 〔英〕李约瑟:《中国科学技术史》(第2卷),北京:科学出版社,1990年版,第31页。
④ 夏从亚,梁秀文,孔巧晨:《试论把科学精神融入中华民族精神》,《自然辩证法研究》2015年第3期,第82页。
⑤ 〔苏〕列宁:《列宁专题文集——论马克思主义》,北京:人民出版社,2009年版,第148页。

运动理论便戛然而止。当科学的求真精神具有革命性,而与封建伦理纲常不相容时,便被斥为"离经叛道"之说。

2. "学而优则仕"偏离求真精神

"学而优则仕"致使官本位优先于真理本位,金榜题名者的社会评价远远高于科学家,学术为政治服务的色彩非常浓烈。科举制时代,考试内容决定知识结构,中国各级各类教育中几乎没有自然科学教育,全是围绕伦理道德来设计。明时八股取士要求在"四书五经"中,依据题义,揣摩古人语气,在限定的格式、字数内,代圣贤立言。这种"述而不作,信而好古"的做法,产生内向封闭心理,形成保守型人格,进而造成中国人严重的精神萎缩,无法激起人强烈的生存意志和奋进征服欲望。① 其后果,明人宋濂给出了一针见血的评价:"与之交谈,两目瞪然视,舌木强不能对。"而对待为数不多的科学著作,如《水经注》《本草经典注》《九章算术法》亦不是在此基础上推陈出新,而是不断推出各种注本,虽不能说一点进步都没有,但很难有突破性的进展。学者们掌握的地理、医学、天文等自然科学知识,没有成为科学继续发展的基础,反而被当作考据经史的工具。

"学而优则仕"的传统价值观至今仍有影响,一些学术新秀刚有了成果,或者科学家有了广泛的社会影响之后,便被冠之以各种行政职务。整个社会,不乏科研人员本身,也把是否担任行政职务当作成功的衡量标准之一。此举,既易使业务荒疏,也使学术评价机制有了不正之风。根本上,还是没有一以贯之"求真"精神。这种畸形的矢志由整个政治传统的一元价值观造成,于科学发展实为不利。科学若走不出依附政治的藩篱,就背离了自主发展和自由探索的本性,科学的批判精神、创新精神也就无从谈起。

---

① 夏从亚:《不可忽视儒家德治思想的负面影响》,《理论学刊》2009 年第 7 期,第 84 页。

3. "实用理性"加剧了科学的工具理性

"实用理性"与农耕生产方式密切相连,一旦形成并被普遍认同后,就成为惯常的思维框架和坐标,成为人们从事实践活动的出发点和判断标准。社会的技术结构取决于社会对技术的需求,中国封建社会是典型的中央集权国家,需要能够维护国家统一、皇权至上的科学技术。如发达的通信技术以便交通运输和文化交流,强大的军事力量内压人民、外御劲敌,精确的天文历法捍卫皇权正当神圣,绝伦的建筑技术体现皇宫威严神秘。统治者把包括科技在内的各种与政治无直接关系的知识学问统统视为"无用之辨,不急之察"。如指南车和记里鼓车虽起源很早,也是非常了不起的发明,但很长的时间内均没有完整详细的记载。因统治阶级既不需要问路,也不需要知道路程,因此这两项发明一再失传。

对实用的追求一旦排斥深刻的理性思考而只看重科学的工具理性,就绝非幸事。历史上我们虽有四大发明,有陶瓷的美轮美奂,有丝绸的光彩夺目,有亭榭楼台营造的"天涯咫尺",有艺人的巧夺天工,但这只能叫作技术而非科学。诚如梁启超先生所言:"中国人把科学看得太低、太粗,科学无论多高深,不过属于艺和器;又把科学看得太呆、太窄,只知道科学产生的价值,不知道科学本身的价值,只知道具体学科,不知道科学概念。长此以往,中国人在世界上便永远没有学问的独立"。① 这也印证了恩格斯的判断:"一个民族要想站在科学的最高峰,就一刻也不能没有理论思维"。② "实用理性"导致中国缺乏基础理论研究,进而阻碍了中国古代先进技术向科学理论的提升,使其最终止步于工匠水平。

诚然,任何科学的发展都带有某种程度的实用性,尤其在科学发展初期,这种实用性更为明显,这本无可厚非,但科学研究若仅局限于实用性,拒

---

① 梁启超:《梁启超讲文化》,天津:天津古籍出版社,2005年版,第125-127页。
② 〔德〕马克思,恩格斯:《马克思恩格斯选集》(第3卷),北京:人民出版社,2012年版,第875页。

斥背后的规律性,注定不会走太远。满足于一时一地的"小用",终究不及科学精神塑造国民心性的"大用"。科学可能在实用的动机下萌芽、成长,甚至有所收获,但实用的动力毕竟不能永恒,一旦非理性的动力在客观事实的检验下破灭,促进科学发展的动力必将萎缩。中国科技之偏重经验、实用,使中国缺乏对形式理论建构的要求,而未能应用数理将自然状况之有规律性者予以简明表述,因而"中国的经验长梦"曾使中国有极辉煌的中世纪科技,但却未曾近代化。[1]

(二)儒家伦理中心主义禁锢理性、怀疑精神

科学理性精神,要求主体坚持高度尊重事实的客观立场,遵循严密的逻辑思维原则,并以数学作为表述理论的规范化语言。怀疑精神要求对一切知识都要毫无保留地怀疑和批判,怀疑贯穿于科学研究的各个环节。而儒家学说,建立起了一个以伦理道德为核心的思想体系,融国家于社会人伦之中,纳政治于礼俗教化之中,而以道德统括文化,或至少是在全部文化中道德气氛特重,[2]形成了"以德摄知"的文化传统。

1. 人伦私德观念背离科学精神的"公有性"规范

公有性[3]是科学的精神气质之一。科学知识共产、共有、共享,任何人都没有权力隐匿科学发现,禁止保密,应及时公之于众。这并不仅仅是道德品质问题,而是科学"公有性"规范的要求,既避免无意义的重复劳动,便于他人在此基础上创新研究;也置科学于严格监督之下,防止个人因素和社会因素对科学客观性的侵袭。这实际上也是科学理性精神的体现。而中国传统社会注重人伦私德,维护道德优先于重视科技,传承、发展技术以不损害私

① 洪万生:《中国人的科学精神》,合肥:黄山书社,2012年版,第352页。
② 梁漱溟:《中国文化要义》,上海:上海人民出版社,2011年版,第22页。
③ 〔美〕R. K. 默顿:《科学社会学》(上册),鲁旭东、林聚任译,北京:商务印书馆,2003年版,第369页。

德为前提。《论语·子路》记载："叶公语孔子曰：'吾党有直躬者，其父攘羊，而子证之。'孔子曰：'吾党之直者异于是。父为子隐，子为父隐，直在其中矣。'"孔子把"正直"纳入"孝""慈"的范畴，因"父为家君"；又因"家国同构"，"私德"夸大化便是"君为国父"。私德在技术上的体现即是：封建社会拥有最高技术的工商业都"国营化"，特定商品"专卖"，如春秋战国时期官营手工业就有三十种。此后，秦汉、元、明时期，官营手工业的技术、原料更加集中。

官营手工业为了保持竞争优势，采取严格的技术保密手段，固定人员编制，规定技术世袭，并且为取悦官僚皇权所制造的物品，不计成本、不问盈亏。显然，以求生存和效益的民间手工业，无力与之抗衡。若官营手工业的实力稍弱化一些，封建皇权对产品的大量需求，还能给民间手工业带来发展机会。但现实是，民间手工业无法获得完整的技术资料，处处被排挤、压榨，市场狭小，生存困难，只能在产品制造上，以奇、绝取胜，小心翼翼严守祖传技术，制定"家规"将技术传承固定化。私德遂异常明显：父传子，子传孙，甚至近亲联姻，以防技术传到外姓家族。人伦私德观念成为科学发展的天然障碍，许多技术因后继无人而失传，更不用说交流、推广和社会化。这与科学的"公有性"规范背道而驰。

2. 整体主义重宏观把握轻微观分析

儒家伦理中心主义背景下，知识分子追求己、家、国、天下浑然一体，以"天人合一"为至高境界。这种似同心圆层层衍化的整体主义，作为知识分子安身立命的价值追求，以社会性的形式对科学的自主性产生影响。整体主义把握事物本质和规律，易把对象当整体，且重关系轻实体研究，倾向于宏观把握，而不是微观分析。整体主义没有坚持理性精神将事物分解成个体、部分和层次，遵循逻辑和数学的统一，而是在直觉和经验的基础上，对事物做出直接识别和整体判断。屈原在《天问》中，对天地、自然、社会、历史、人生，一口气提出了170多个问题，很多涉及宇宙结构和天体力学的知识，如"阴阳三合,何本何化?""日月安属?列星安陈?""自明及晦,所行几里?"。但这些问题不是科学幻想和预见,缺失理性精神和逻辑思维,无法成为科学发展的助力,它只是表达了诗人非凡的学识、磅礴的情感、丰富的想象和博大的胸襟。"若夫西洋则不然,其于一学,有所谓纯正者焉,有所谓应用者焉,又有所谓说明者焉,有所谓规范者焉,界万有之学而立为科。于一科之中,复剖分为界、为门、为纲、为属、为种,秩乎若瀑布之悬岩而振也。今而有志于学,不遵斯道焉,固未可以薪其精矣。"①

中国古代著名的科学理论作为一种从整体出发的综合观,科学问题本身也是哲学问题或文学问题,以哲学或文学的形式表现出来,目的是为了论证哲学观点。庄子引用惠施论据:"一尺之棰,日取其半,万世不竭"这个著名的观点,已经是数学中的极限概念了,但这并不是数学研究的结果,而是为了反驳墨子"端,体之无厚而最前者也""端,无间也",也就是反驳"质点是万物之始""质点不可再分"的论点。实质上,墨子的观点,本身也不是纯粹的科学问题,而是其整体观哲学观点在自然科学问题上的运用,本身也不是研究物质结构问题的科学结论。关于物质结构,老子提出了一个无形无状、无所不在的"道",德谟克利特提出了细化、具体的"原子说"。整体主义解释哲学问题,带来了意境的美感和诗意的神秘,但用其求证、检验科学问题,缺乏精确、严密的逻辑思维和创造性思维,并没有很强的说服力。

3. "诗云子曰"扼杀怀疑精神

科学精神在不同的历史时期,伴随科学实践的发展会有不同的内涵和特征。但科学精神的价值基础和终极旨归,始终浸透着自由、怀疑的因子,这一点任何时候都不会改变。中国知识分子"畏天命,畏大人,畏圣人之言",祖述尧舜,宪章文武,遵先王之法,不敢自由表达,继承有余,怀疑不足。

---

① 中共中央文献出版社,中共湖南省委《毛泽东早期文稿》编辑组:《毛泽东早期文稿》,长沙:湖南出版社,1990年版,第83页。

"如中国由来论辩常法。每欲求申一说。必先引用古书。诗云子曰。而后以当前之事体语言。与之校勘离合。而此事体语言之是非遂定。"①近代西方科学理论传入中国,并没有引起知识分子的慎思明辨、怀疑批判,除了反感和排斥,仍然摆脱不了为传统伦理道德论证的命运。西方天文学界先后提出了本轮匀速说、日心地动说、椭圆面积说,来解释天体运动不匀速的原因,阮元对此不以为然,说:"其法屡变""吾不知其伊于何底也","但言其当然,而不言其所以然者之终古无弊哉。"认为只有"言当然,不求所以然"的态度才是谨慎的、明智的,才永远不会犯错。中国思想家追求"立言之慎""终古无弊",无非是师古守旧,维护封建伦理纲常的亘古不变。

科学发展虽有内在逻辑和独特机制,但也需要与之相适应的社会制度和文化环境,"科学的重大的和持续不断的发展只能发生在一定类型的社会里,该社会为这种发展提供出文化和物质两方面的条件"。② 而儒家"为尊者讳,为亲者讳,为贤者讳"的"礼"文化传统,极端如"文字狱",因言获罪,动辄得咎。知识分子连思想、言论自由都不具备,更不用说大胆怀疑、敢于批判的精神了。整个社会缺少营造科学精神的文化氛围,思想家并未真正做到"究天人之际"。

实质上,就道德和科学的关系而言,道德是主体对客体的价值认识、把握和评判;科学是主体站在客观的立场上,对客体本质和规律的求真与探索,应限制或避免主体的情感、需要、愿望等主观标准注入其中。但道德与科学并不冲突,维护道德并不必然导致阻碍科学。但"以德摄知"的文化传统,因道德的势力过于强大,没有给科学的幼苗提供雨露促其成长为参天大树,却以倾盆大雨之势将其浇灭,"以善伤真"抑或"以善代真"。

① 严复:《名学浅说》,北京:北京时代华文书局,2014 年版,第 84 页。
② 〔美〕罗伯特·金·默顿:《十七世纪英格兰的科学、技术与社会》,范岱年,吴忠,蒋效东译,北京:商务印书馆,2000 年版,第 14-15 页。

(三)致思方式重思辨体悟轻实证精神

思维方式是一个民族特有的思维活动的模式(程式或程序),是在独特的环境下经过长期的生产生活实践而不断形成的一种思维模式。[1] 思维方式在很大程度上影响科学目标的设定、科学方法的采用以及科学精神的生发。中国学术在致思方式上,重思辨体悟而轻科学实证。

1. 内涵不确定的思辨概念不易被实践检验

中国人讲学说理必要讲到神乎其神,诡秘不可以理论,才算能事。[2] 中国学术所有的错误,就是由于方法的不谨,往往拿这抽象玄学的推理应用到属经验知识的具体问题。[3] 传统文化通过制造内涵不确定的思辨概念,如"道""气""阴阳"等解释各种自然现象。如"阴阳"学说,用来解释电,则是"阴阳相激而为电";用来解释地震起因,则是"阳伏而不能出,阴迫而不能蒸";用来解释磁石吸铁,则是"阴阳相感、隔碍相通";解释火药,则是"硝性至阴,硫性至阳,阴阳两神物相遇于无隙可容之中。其出也,人物膺之,魂散惊而魄齑粉"。至于火药究竟为何爆炸,如何配制威力更大,无人分析反应机理。

思辨是中华民族思维方式的一大鲜明特色,对发展辩证逻辑做出了重要贡献,有精湛独到的见解,不能一概否定。但"道昭而不道"的思辨概念,实则不利于科学发展,一方面逃避了实践的检验,无法对其进行验证,限制了人们探究自然的可能和必要;另一方面,由于其无所不包,又具有了左右逢源的生命力,加之还带上了神秘主义色彩,很难被否定,因此也就不可能有"否定之否定"之进步。毛泽东说:"吾国思想与道德,可以伪而不真、虚而

---

① 欧阳康:《民族精神——精神家园的内核》,哈尔滨:黑龙江教育出版社,2010年版,第193页。

② 梁漱溟:《东西文化及其哲学》,北京:商务印书馆,2010年版,第42页。

③ 梁漱溟:《东西文化及其哲学》,北京:商务印书馆,2010年版,第133页。

不实之两言括之,五千年流传到今,种根甚深,结蒂甚固,非有大力不易摧陷廓清。"①

2. 传统文化惰于实验且缺乏对实验的详细记载

传统文化中,墨学最具实证精神,但其中绝之后,实证精神也是渐行渐远。儒家知识分子作为占据主流意识形态的社会管理阶层,客观上不得不同科技接触,但认为科技"虽小道,必有可观者焉;致远恐泥,君子不为"的人生法则,无形中只能导致科学实验缓慢发展。道家虽有"道不遁物"的科学探究精神,有注重炼丹术的化学实验,但"有机械者必有机事,有机事者必有机心"之心态,在反技术、反社会化的态度和倾向上,于科学实验的进展更为不利,甚至加剧了惰于实验的风气。不妨看一下中国历代理论、实验、技术在该朝代总积分中所占比重(%)。② 如表3-1所示。

表 3-1　中国历代理论、实验、技术在该朝代总积分中所占比重(%)

朝代	春秋	战国	秦	西汉	东汉	魏、西晋	南北朝	隋	唐	五代	北宋	南宋	元	明	清
理论	12	23	0	6	10	13	15	2	8	/	4	19	8	16	40
实验	2	8	0	9	14	1	13	0	11	/	6	7	12	3	1
技术	86	69	100	85	76	86	72	98	81	/	90	74	80	81	59

中国古代技术比重占有绝对优势,而实验的比重除了在东汉、唐、北宋、元略高于理论之外,则一直很低③。对待为数不多的实验,中国传统历史典籍的记载也非常贫乏,且仅是对实验本身而不是对实验方法和原理的记载,

---

① 中共中央文献出版社,中共湖南省委《毛泽东早期文稿》编辑组:《毛泽东早期文稿》,长沙:湖南出版社,1990年版,第86页。

② 金观涛,樊洪业,刘青峰:《历史上的科学技术结构——试论十七世纪之后中国科学技术落后于西方的原因》,《自然辩证法通讯》1982年第5期,第10页。

③ 中国五代时期积分极低,不宜做百分比计算。

导致实验的可重复性太低,不易向技术转化。我国很早就有真空实验,但并没有揭示实验的原理机制,无法产生制造蒸汽机的设计。张衡制造了世界上第一台地震仪,因没有说明制作原理和方法,后人根本无法仿制成功。火药被制作成爆竹以敬神驱鬼,诺贝尔则在实验基础上来发明安全固体烈性炸药,"以实验为依据的严格科学的研究的结果,因而其形式更加明确得多"。① 火药,终究是墙内开花墙外结果,"为他人作嫁衣裳"。

古代哲学家观察自然现象不乏正确的一面,但其"用观念的、幻想的联系来代替尚未知道的现实的联系,用想象来补充缺少的事实,用纯粹的臆想来填补现实的空白"。② 而近代科学是观察、实验的产物,只有实验方法才能给科学以确定性。培根认为:科学技术的发展要求"经验和理性职能的真正合法的婚配"。现代科学之父伽利略,在系统实验和观察的基础上,运用严密的逻辑方法,发现了自由落体规律。通过实证,才能"从其中引出其固有的而不是臆造的规律性,即找出周围事变的内部联系",或者说"是科学的结论"。③

3. 获取知识重内心体悟轻科学实证

不可否认,古代思想家获取知识除了内心体悟,也有考察、观察、辨析之法。但"不出户,知天下","不求于内而求于外,非圣人之学也",用尽平生力气追求"尽心知性",实证并非获知之主流。典型如王守仁反对格竹子,格竹子七日导致"劳思致疾",遂感慨道:"天下之物如何格得?"于是便劝人们"格物之功,只在身心上做",诉诸见心见性,重内心体悟。格竹子获取的知识即是"竹有君子之道四:君子之德、君子之操、君子之时、君子之容",而不是对竹子的种类、特性、生存周期、是树木还是草本的界定。实际上,科学发展需要"存心于一草一木一器用之间"。与王守仁同时代的达·芬奇,一面在画着蒙娜丽莎的迷人微笑,一面在解剖死尸、制作各种新巧的机械。并且,他还以大师的语言宣称:"科学如果不是从实验中产生,并以一种清晰实验结束,便是毫无用处的,充满谬误的。"这不只是他一个人的声音,而是一个科学新时代的先驱者们的声音。①

近代自然科学获取事实或真理的程式是"发现问题—提出假设—经验和逻辑检验—发现新的问题"。而古人获取知识,存在"发现问题"这一步,随后通过精神磨炼和主观感悟,赋予其道德意蕴。没有把经验事实作为理论的主要来源,更没有把实证作为检验理论的主要标准,或者认为根本无法从事物本身上获取知识。即使有实证,在中国封建社会也难以立足。清代名医王清任,发现古书中关于人体构造的记载与实情不符,因封建礼教不允许进行人体解剖,只好到刑场、疫区、荒冢解剖尸体,再与动物内脏相比较,坚持四十二年之久,纠正古书所绘脏腑图形及理论等谬误,与其医学论述,收载于《医林改错》。但"在一切意识形态领域内传统都是一种巨大的保守力量",②《医林改错》没有得到学术界的拥趸,相反,讽刺、挖苦之后便是沉默。在西方解剖学传入之前,中国始终没有形成解剖学的风气。

概而论之,在传统文化"实用理性"、伦理道德、致思方式的影响下,科学精神并未成为国人基本的价值追求,更遑论作为中华民族精神的一部分,留给我们的只有科学精神被遮蔽的无奈与悲愤,这是近代中国国势凌夷、备受外辱的主要原因之一。因此,培育和弘扬科学精神,当务之急是实现传统文化的创造性转化和创新性发展。当传统文化成为滋养科学精神的文化沃土,科学精神亦成为全体民族成员坚定的内心信念和民族精神深刻的社会心理基础,科学精神才能重塑国人的价值观念、思维方式、行为规范和审美旨趣。

---

① 金观涛,樊洪业,刘青峰:《历史上的科学技术结构——试论十七世纪之后中国科学技术落后于西方的原因》,《自然辩证法通讯》1982年第5期,第14页。
② 〔德〕马克思,恩格斯:《马克思恩格斯选集》(第4卷),北京:人民出版社,2012年版,第263页。

二、传统文化有利于科学精神培育说

儒学是中国封建社会的官方意识形态,中华民族的传统科学技术即是在儒学的文化背景下发展起来的,所以,儒学和科学是必然会发生相互作用的,那种认为儒学和科学隔绝一说,是断然站不住脚的。并且,就传统文化对科学的影响而言,不能笼统下结论是促进还是阻碍,要本着实事求是、具体问题具体分析的原则进行考证。传统文化博大精深,气势恢宏,包含不同的层次和方面,有学者将传统文化内容分成四个层面,有分成七个方面。从具体方面分析传统文化对科学所起的作用、性质、条件,才是科学的态度和做法。并且,把近代中国科学的落后,完全归结于文化,是典型的"文化决定论"。

(一)中华民族具有追求真理的历史传统

中华民族自古以来就是一个自觉、主动地追求真善美的国家,中华民族精神中也透显出求真、求善、求美的精神。但是,真、善、美三者的地位和历史评价很不相同。求善、求美精神是毋庸置疑的,中国传统文化是典型的伦理政治型文化,伦理道德代替了宗教取得了至上的地位,甚至上升到伦理道德治天下的境地。而求美,更是无与伦比,不管是诗歌、园艺、建筑等,美轮美奂,世人赞叹。至于求真,则观点迥异,有人认为中华民族缺乏求真精神,即使有,也是非常微弱的,近代中国科技落后和长久以来的官本位,即是明证。可以说,这代表了很多人的观点,但是不乏反对的声音。笼统地断言中华民族没有求真精神,过于武断,认为求真精神过于薄弱,也是缺乏实事求是的态度。问题在于:应对真理的范围、内容进行界定,再进行客观、全面的分析。真理涵盖社会、自然、思维领域,所以,求真精神也必须深入具体领域中,进行深入阐释。

1. 中华民族具有丰富明显的追求社会真理的传统

中华先人一向对人生持有一种澄明的理性态度,更注重此岸世界的现世生活,而对来生,对彼岸世界,则淡薄得多。对人生易逝、岁月易老的感叹,使诸多精力用于对现实世界的关注,中国人形成了向内用力的人生,在人文社会科学的各个领域,如政治理论、军事思想、道德观念、艺术思想、史学理论等,均见长于西方。并且,对社会真理孜孜以求,自觉地学习、吸收其他国家和民族的优秀思想。从郑和下西洋、玄奘西游,以实际行动说明了对真理的渴求。明末清初,西方传教士带来了先进的科学思想,中国先进的知识分子,投入了轰轰烈烈的普及西方科学思想的工作中。到了近代,面对入侵,认识到本国的落后,中国人民不甘被奴役、驱使,又积极主动地从西方思潮中、从马克思列宁主义中、或反思批判扬弃传统文化中,寻求救国救民的社会真理,涌现出了无数可歌可泣的杰出人物,甚至不乏以生命唤醒国人的"难酬蹈海亦英雄"的革命先烈。中国历史呈现出了寻求社会真理以自尊、自强的波澜壮阔的伟大历史运动,可以说,这种追求社会真理的历史传统,是薪火相传、源远流长的。

2. 中华民族不乏追求自然真理的悠久传统

中华民族形成了"天人合一"的思想观念,将天、地、人作为一个整体来考察,以一种积极主动的态势来探究自然规律,希冀在人与自然的关系中彰显人的地位、价值和尊严。譬如,"尤精历象之学"的著名历算家王锡阐观测天文时,也只能"每遇天色晴霁,辄登屋卧鸱吻间,仰察星象,竟夕不寐"。"始信须眉等巾帼,谁言儿女不英雄"的女天文学家王贞仪,顽强地顶住封建礼教的重压,不屈不挠地进行科学研究、她用面盆和镜子为手段,探讨日月食的原理。科学家们献身科学的精神令人动容,中国传统科技形成了整体主义自然观。这种自然观虽然弱于细致、精微的分析能力,但不可否认也对中国科学技术的发展做出了巨大贡献。阴阳五行学说,对早期的物理、化学,如炼丹术等产生了深远影响。像四大发明,不仅对中国文化,并且对世界文化都做出了巨大贡献,马克思在《共产党宣言》中给予了很高的评价。并且,关于手工业、农业、地理、医药等传统历史典籍,至今仍有巨大价值,成为世人争相研读的宝贵材料。李约瑟曾说:"中国在公元三世纪到十三世纪之间保持一个西方所望尘莫及的科学知识水平。"中国的科学发现和发明,"远远超过同时代的欧洲,特别是十五世纪之前更是如此"。① 中国人对自然真理的追求是代际传承、历久弥新的。

3. 中华民族具有"一以贯之"的追求思维真理的文化风格

中国传统文化中具有丰富明显的辩证思维传统。早期的《易传》就表现出了对立统一的观念,如"一阴一阳之谓道",讲到了"变通""通变"。《老子》中包含大量丰富、鲜明的辩证思想。《墨辩》概括了墨家的逻辑学说,提出了形式逻辑的基本原理,涉及同一律、排中律、矛盾律。唐、宋、元、明各个时期,既学习、引入西方的逻辑学,又有先进思想家不断发展辩证思维,如王夫之、黄宗羲等人,对发展辩证思维做出了巨大贡献。中国人结合历史演变规律和自身历史经验,对辩证思维往往具有独到、精湛的领悟和见解,这成为传统文化思维方式的一大典型特征。可以说,中国人对思维真理的追求也是绵延不绝、钻之愈深的。

譬如五行思想,五行之中,两两相生相克,最早见于《尚书·洪范》。后来《左传》《国语》均有记载。五行可以代表五种元素,如众所周知的水、木、金、火、土,也可以代表颜色、人体脏器、方位、时令等。五行代表的五种元素以及相互之间的辩证关系构成了世界的万事万物,是中国传统认识论和方法论的重要表现之一。辩证思维中,老子主张"物极必反""相反相成""反者道之动"。道的运动,最终要回到原点,回归、复归是运动的本质,在新的起

---

① 〔英〕李约瑟:《中国科学技术史》(第1卷),北京:科学出版社,1975年版,第3页。

点上重新出发,返本开新,进而达到更高的境界。庄子的"鼓盆而歌",即没有把死亡当作终结,而是人作为宇宙中的一尘埃,回归到生命最初的本真状态而已,所以庄子说"建之以常无有,主之以太一"。战国竹简《太一生水》就体现了这种"反辅"的思想。北宋张载认为"有象斯有对,对必反其为;有反斯有仇,仇必和而解"(《正蒙·太和》),这种观点也认识到了矛盾的一分为二及其解决之道。

(二)传统文化的价值观影响科学研究动机

价值观是人的本质力量的核心,它以"应不应该""值不值得"的方式,以一种价值判断标准影响人们对事物的评价、优先排序、行为方式的选择、后果的预设等,从而对人的行为具有导向、规范或规避作用。传统文化自"独尊儒术"之后,儒家经典作为主要载体,是每个人陶冶情操、塑造人格的不二选择。并且科举制将"四书五经"列为考试必读书目,更强化了儒家经典的地位和价值。所以,传统文化对知识分子科学研究动机的影响,在很大程度上是儒家文化价值观的影响。

传统知识分子自小就生活在儒学占主导的文化背景下,许多科学家除了在自身的研究领域颇有建树之外,还专门习读、研究过儒学著作,甚至有所著述,在儒学发展史上也占有一席之地。如汉朝张衡作为天文学家,不仅仅是个发明家,还著有《周官训诂》。魏晋南北朝的祖冲之,作为数学家,还著"《易》《老》《庄》,释《论语》《孝经》"。北宋沈括,一生致力于科学研究,著有《梦溪笔谈》,在中国文化史中占有重要地位,其音乐、书画、诗作造诣也很高。沈括通过注释《孟子》,做《孟子解》来推崇"君子之道"和"民为邦本"的政治见解和主张。明清宋应星在自然科学领域著有"工艺百科全书"的《天工开物》,在社会科学领域,《论气》提出了世界本原及本质的"形气论"的哲学命题,在《谈天》中强调了"变"的世界法则,表达了朴素的唯物论和辩证法的哲学主张。

在知识分子的社会交往中、亲朋师友中、社会活动中,不乏诸多儒学人士,并且社会交往中往往自然而然地贯穿着非常频繁的学术交往。东汉数学家、天文学家刘洪,发明了珠算,被太史蔡邕赏识并一起补续了《汉书·律历记》。一代文宗阮元校勘《周易》《孟子》,得到数学家李锐的协助。元朝郭守敬编制《授时历》,与理学家许衡通力合作。儒学文化背景和社会氛围的影响,贯穿在知识分子的一生中,在个人成长、社会交往和学术交流中,都打上了儒家价值观的烙印。这种价值观渗透于知识分子的思想和情感当中,进而影响到科学研究动机,体现在大到国计民生的宏观方面,小到培育德行的个人修养方面,以及发挥"内圣外王"的治学方面。

1. "民为邦本"、造福天下的科学研究动机

《论语》中提到了"百姓不足,君孰与足"的理念,对待百姓要"富之""教之",影响到了后世知识分子的治学理念和实现人生价值的途径。北宋贾思勰著《齐民要术》,在"序"中,借神农、尧、舜的"以利天下""敬授民时""食为政首"以明志;引用《诗》《书》《孝经》中"安民""以养父母"之言论;并且列举了生产工具对于农业生产的重要性等事例,来阐释其著述《齐民要术》的目的也在于效仿古人,为的是"资生"这种关乎国计民生的长远大计,保障人民最基本的生活需要,恢复、发展经济以维护社会稳定。

元朝农学家王祯著有《农书》,在"自序"中强调了农业是天下的根本,要"首重农",百姓的吃饭问题是头等大事,要把先进的耕种、蓄养、纺织技术传授于民,达到"至纤至悉"的程度,这也是出于国计民生的需要。李时珍撰写《本草纲目》,本意也在于"寿国""寿万民"。秦九韶的《数学九章》认为数学研究成果可以"拟于用"。其他学科像天文学,关乎历法的制定,更与国计民生息息相关。

2. 践行"仁""孝"之德行的科学研究动机

医圣张仲景,以精湛的医术救治世人,在《伤寒杂病论》中强调:作为医

者,救助之人既包括君主、亲人,也包括乱世中的贫苦百姓,对己也可以养生保身。并且引用孔子并非生而知之之人,强调终生学习的重要性,自身更应谦虚谨慎,扎扎实实,学无止境,为后世树立了淳朴、踏实、勤奋的医德学风。

药王孙思邈,在《千金要方》中认为医者应读诸子五经之书,才能知仁义之道,有慈悲之德。医者不应满足于医术之高明,对待患者应先"安神定志",常怀恻隐之心,不问患者贫富贵贱之出身,一视同仁,视为至亲。并且医者不能贪恋一己之私,好逸恶劳,毁誉他者、议论是非以博名声,唯有此才能成为"苍生大医"。

其他医者,如魏晋皇甫谧、金代张从正,也以一己之力阐释了医道要"忠孝""事亲"。实际上,医者把践行"仁""孝"之德行推而广之,就是出于"国计民生"的大义需要,而"国计民生"之事,也是通过践行"仁""孝"之德行得以实现。

3. 进一步阐发儒学价值观的科学研究动机

数学家进行数理研究,往往与"九数""六艺"相联系。魏晋数学家刘徽,人格高尚,学而不厌,在《九章算术注》原序中说明了:因周公之"九数",得以"九章"。学习"九章",可以"观阴阳之割裂,总算术之根源"。教习他人学习"九章",可以"穷纤入微,探测无方"。可以触类旁通,达到曲径通幽之境界,印证了古人通过"数"以"通神明之德,类万物之情"。南北朝时期的数术著作《孙子算经》,认为数学是万物之本原,将其置于"六艺"之首,"万物之祖宗,六艺之纲纪",研习数学,可以"穷道德之理,究性命之情"。若能专心致志地学习数学,则未有不成者。唐朝王孝通在《辑古算经》中,认为学习数学可以"参于造化"。宋朝数学家秦九韶,聪颖勤奋,在《数学九章》中,将数学的功效归结为"大则可以通神明,顺性命;小则可以经世务,类万物"。元代数学家朱世杰在《四元玉鉴》中,认为数学可以"明理""尽性穷神"。

数学家本身也是儒者,其数学专著蕴藏着"数道同理""数理一致"的理念,通过"数道""数理"来阐发"自然之道""自然之理",本质也印证了儒学之理。其他学科,如农学、历学、物理、医学等,认为具体学科之"理"都蕴藏在"自然之理"中,包含在儒家的"大道"中,都透显出儒家价值观的影响,是对儒学思想的进一步阐发和具体化。传统文化影响之下的这三种科学研究动机,本质上是一致的,都是为了继承、践行儒家思想中的"仁德",实现"民为邦本",将儒学发扬光大,代际相承。

(三)传统文化提供科学研究的知识基础

从事科学研究必须具备相应的专业背景和一定的知识基础,封建社会科学尚未形成一个独立的学科体系,诸多学科知识是杂糅在儒家经典之中。科学家进行科学研究的基础知识,甚至专业知识,主要从儒家经典中获取。

1.《周易》中包含大量数学知识和数学思维

《周易》中提到的"两仪""四象""八卦",进而到"六十四卦",相当于数学中最早的排列组合问题。《周易》中用实线和虚线代表两种卦符,即阴爻与阳爻,相反相成,具有互补属性。有规律地进行组合可以构成所有卦符,代表了天地间万事万物的变化发展规则,这种组合就是现代数学中的二进制组合。《周易》中的八卦均有卦辞,天、地、雷、风、水、火、山、泽,代表了天地间相互矛盾的八种成分,卦辞和对应的卦之间的关系,类似数学映射中原象与象的关系。民间的占卜,卦象、爻象的排列组合,实际上是概率论的运用。《周易》除了涉及具体的数学知识,还包含着丰富的数学思维,如"一阴一阳之谓道"的辩证思维,以辩证思维为基础,而衍射出"触类旁通"的推演类比思维、万变不离其宗的整体思维、"积善成名、积恶灭身"的变易思维、"万物有形、玄览静观、立象尽意"的形象直观思维、"经世致用"的实用理性思维等。

刘徽在《九章算术注》中谈及自身的数学研究之路,即在知悉《周易》中蕴含的阴阳思想基础之上,从而对幼时研读的《九章算术》有了更深入的领悟,进而为《九章算术》做注。秦九韶对《周易》中的数学问题和数学思维进行研究,在《数学九章》中,将 81 题分为 9 组,引申出求解同余式方程组的解法,即"大衍求一术"。朱世玉运用《周易》中所涉及的概念,在《四元玉鉴》中辑录 288 个问题,均与方程式或方程组相关,论述了多元高次方程组的解法和高阶等差级数的计算。

2. 儒家经典中包含天文学家进行天象记录和天象观测所必需的天文学知识

"天文"一词最早见于《周易》中的"仰以观于天文"。《诗经》中有大量关于天文灾异现象和星象的记载,描绘了斗转星移、灿烂辉煌的天文景观。《豳风·七月》记载了"七月流火"的星象,"火"指的是又红又亮的星宿,即火星。这一星象主要是安排一年中的农事生产,所以是"农夫之辞"。《唐风·绸缪》记述了"三星在天"的星象,三颗星在黄昏时候呈现于天,因古时男女通婚多在黄昏时刻,这一星象就多为"妇人之语",也表明了古人的时间观念。《小雅·渐渐之石》记载了"月离于毕"的星象,"毕"是有八颗星组成的二十八星宿之一,形状呈网状,月亮投入毕星组成的网中,是滂沱大雨降临的先兆。这一星象,往往成为"戍卒之作"。可以说,这些星象都是劳动人民经过长期的观察积累而成的经验资料,既成为宝贵的民俗文化资料,也有力地证明了古代天文学领先于西方的历史史实。

其他星象如《召南·小星》:"嘒彼小星,三五在东","嘒彼小星,维参与昴"。《卫风·淇奥》:"充耳琇莹,会弁如星"。《陈风·东门之杨》:"昏以为期,明星煌煌","昏以为期,明星晰晰"。《大雅·云汉》:"瞻昂昊天,有嘒其星。"《小雅·大东》更是记载了异彩纷呈、令人叹为观止的天文现象,如"跂彼织女""睆彼牵牛""东有启明""西有长庚""有捄天毕""维南有箕""维北有斗"等星象。像"织女""牵牛"星象,既具有审美价值,也成为家喻户晓的民俗节日,激发了后人寄情咏志的词作歌赋,又是劳动生产和生活经验的积累,同时表达了对统治者盘剥劳动人民的不满愤慨情绪。

其他儒家经典,如《尚书》中的《尧典》,《大戴礼记》中的《夏小正》,《小戴礼记》中的《月令》等,对天文观测和天文知识均有记载。并且人们在制定历法、节气时,也借鉴了《周易》中的智慧,运用了《周易》中的概念。后世的天文学家,像张衡、何承天、郭守敬等,都研读过大量的儒家经典,从中获取了进行天文学研究的知识储备。

3. 儒家经典中包含大量的地理学知识和九州风貌总览介绍

"地理"一词最早见于《周易》中的"俯以察于地理"。在《尚书·禹贡》《周礼·夏官司马·职方》中均涉及大量的地理学知识。《禹贡》记载了禹以实际行走,制作路标以分别疆域、奠定界域,对九州的土壤、赋税、田地、贡品、河流走向均做了明确的介绍情况。首先是始于壶口的冀州,土壤为白壤,赋税为一、二等,田地为五等,皮服为贡品。兖州位于济水与黄河之间,适宜栽种桑树养蚕,人们的居住场所搬至平地,土壤肥沃,树木草地顾长茂盛,赋税九等,贡品为漆、丝、彩绸,贡船行于济水、漯水到达黄河。青州在渤海和泰山之间,有广阔的盐碱地和丰富的海产品,贡船经汶水到达济水。徐州处在黄海、泰山及淮河之间,土地肥沃,草木滋生,贡品多样,五色土、特产桐木、磐石、黑绸白绢,贡船经淮河、泗水到达济水。淮河与黄海之间的扬州,竹木遍地,金银美玉、象牙鸟羽不可胜数,贡船载有贝锦、橘柚,沿长江、黄海至淮河、泗水。荆山与衡山的南面为荆州,洞庭湖水波光粼粼,土地潮湿,树木丰茂,贡品独特,玉石宝石名木、丝绸珍珠光彩夺目,贡品由水路改陆路到达南河。豫州在荆山、黄河之间,积水停滞,土地柔软肥沃,赋税一二等夹杂,贡品以麻、细葛、绸、细绵居多,贡船行于洛水抵达黄河。华山南部和怒江之间是梁州,土地疏松,田地七等,赋税七八九等均有,贡品以美玉银铁和野兽为主,贡品最后经过渭水达至黄河。雍州地处黑水到西河之间,河流、山川均得以治理，黄土地居多，田地一等，贡船载美石、美玉、珠宝，经黄河，与其他船只汇合于渭河以北。

《职方》对九州中的山镇、大泽、可资灌溉的水源、特产、男女比例、宜于饲养的畜牧业和宜于种植的农作物都有明确的记载。东汉班固撰写《汉书·地理志》上、下两卷，其中首卷即是对《禹贡》和《职方》的辑录，并且按照时间顺序，介绍了汉代以前的地理沿革以及西汉各郡国的地理概况，涉及人口、特产、名胜、要塞、河泽山川、交通要道、土地、治所等各项，是一部融历史于地理中、开创了人文地理观的著作。魏晋地图学家裴秀根据《禹贡》撰写《禹贡地域图》，成为有文献可考的第一部以疆域政区为主的历史地图集。地理学家郦道元所著《水经注》，在对《禹贡》点评的基础上，提出了重视野外考察的研究方法。可见，后世地理学者均以《禹贡》作为基本教材，在其基础上再进行地理研究。

4.《周易》等著作中包含大量与中医学相关的知识

《周易》中蕴含的唯物观和朴素的辩证法，是中医施治的哲学理论基础。遵循《周易》中的"中道"之理，祛除疾病，恢复人体平衡，实现医道与易道相结合，即是中医。其中时机观，既包括对时间的认识，也包括对时势的把握，是传统中医认识人体生理技能、疾病机理变化过程、制定治疗方案的根据。中医的"阴阳平衡"理论，来自《周易》的"阴阳合德"思想体系。《周易》中有大量关于"阴阳"的理论，如《系辞下传》曰："阴阳合德，而刚柔有体，以体天地之撰，以通神明之德。"中医中的"五行学说"来自《周易》的五行原理。《素问·阴阳应象大论》曰："天有四时五行，以生长收藏，以生寒暑燥湿风。人有五藏，化五气，以生喜怒悲忧恐。"

中医的其他思想，如五运六气、藏象学、方剂学等，均根据《周易》来测定肌体与气候的关系、制定具有独特药效的药方和汤剂。后世儒医张介宾曾说："不通《周易》，不足以为医"，便是对《周易》医药学价值的充分肯定，也是对医者通晓《周易》的必然要求。

5.《诗经》《尚书》等著作中包含相当多的农学知识

《诗经》中包含十一首农事诗,可分为三类,其中《豳诗》为《豳风》中的《七月》;《豳雅》包含《小雅》中四首——《楚茨》《信南山》《甫田》《大田》;《豳颂》则是《周颂》中的六首——《思文》《臣工》《噫嘻》《丰年》《载芟》《良耜》。这些诗涉及农民的开垦种植,如《甫田》中的"今适南田,或耘或耔,黍稷薿薿",《大田》中的"以我覃耜,俶载南亩,播厥百谷,既庭且硕"。农事活动往往与祭祀活动相联系。尤其是《七月》,通过八章叙述了农人一年的农事活动,春耕、采桑、修剪、纺织染布、缝制衣裳、打猎、修葺房屋、采摘、谷粒进仓、冬季贮冰、祭祀等活动。《七月》除了农事,还记录了当时的气候、节令、社会现状等,对后世农学著作影响深远。

《尚书》中对宜农作物,即"百谷"进行了介绍,农作物的质量和产量决定了有限的土地能不能养活更多的人口。对野生植物,即"草"做了不同的称谓,对其改造用于改善日常生活。还记载了大量与树木相关的内容。《盘庚》中直接记载了当时苦乐甘甜的农事开垦活动。《无逸》《洪范》《大诰》《召诰》《洛诰》《盘庚上》《吕刑》《费誓》等篇均道出了稼穑活动的艰辛与不易。《周礼》中记述了当时的土地分配制度、农业生产组织管理制度和农业生产技术。《礼记·月令》记述了气象星象、川泽山林草木、虫禽兽等方面,展示了中华先人探索、适应自然以实现人与自然和谐的实践印记和思维方式。《尔雅》有关于动植物、天文地理、生活用器的记录。

后世农学家诸如东汉崔寔撰写《四民月令》,唐朝韩鄂著作《四时纂要》,元朝鲁明善撰写《农桑衣食撮要》,均从上述作品中引用、吸收了大量的农学知识。

不可否认,古代科学家的知识获取并不仅仅依靠儒家经典,还包括其他学派的著作,并且科学家自身的践履活动和实证精神也是进行科学研究必不可少的重要条件和要素。但是,儒家经典毕竟为科学家提供了最初的知识启蒙,并且,儒家经典中的诸多知识点和概念,也被后世科学家直接引用和使用。可以说,以儒家为主的传统文化,为科学家进行科学研究提供了广阔的知识基础和比较专业的知识背景。

(四)传统文化的经学研究方法是重要的科学研究方法

中国传统文化中一直具有尊老法古的历史传统,就科学家而言,确定既定研究领域的前提,是广泛涉猎前人经典,尤其是儒家经典。这既是整个社会文化氛围使然,也是科学家自身的价值诉求所致。科学家必须博览群书,譬如上文提到的《周易》《诗经》《尚书》等,即孔子所言"博学于文",然后再用一己经验和自身实践,来检验、验证前人之思想和观点。这种研究方法和动机往往表现为对前人经典的整理、总结,表现为查漏补缺,使之完善,而后才有自身的发挥、提升和创新。除了儒家经典,各个研究领域还有专业经典,譬如数学领域的《九章算术》《周髀算经》、地理学领域的《山海经》、医学领域的《黄帝内经》、农学领域的《齐民要术》等。科学家往往采用儒家的经学研究方法进行科学研究,如对《九章算术》的注解,方有《九章算术注》,前人所著《水经》,后世产生《水经注》。

传统文化还具有兼容并蓄的文化传统,对待其他民族和国家的文化,也是倾向于从己文化的本质和特色去诠释他者,使之往往带上了中国特色,典型如印度佛教,传入中国后,也成了中国佛教。近代西方科学传入中国之后,中国知识分子持"中学为体、西学为用"的思维方式,实际上还是秉持传统文化的解释风格,本质上仍是固守儒学的经学研究方法。

这种研究方法使得科学研究在前人经典所圈定的框架内进行,科学研究往往是先引经据典,再承袭发挥。这种文化传统使得思想的继承性很明显,有利于文化的积累传承,但是不足也相伴而生,就是自由、创造被一定程度地压抑,往往以"前人之是非为是非"。但就总体而言,传统文化对古代中国科技发展而言,是利大于弊的,促成了科技的繁茂景象。

综上所述,传统文化和科学精神在基本精神、价值追求、思维方式等方面确实存在冲突,关键在于客观、公正地看待这种冲突的影响。这就涉及正确对待上述两种界说,一是冲突是客观存在的,正是因为有冲突,所以就存在采取有效措施,改造、创新传统文化,协调儒学与科学关系的必要性,争取把二者的冲突降到最低,为二者的融合和契合铺垫道路。同时,也要理性看待"有利说",认为传统文化阻碍科学精神萌发的内容属于细枝末节,可以忽略不计的,是缺乏对传统文化的深入认识;认为传统文化必然有利于科学精神培育,认为传统文化不改造、不创新就能自然而然地实现二者的契合也是不现实的。那种把传统文化和科学精神杂糅在一起的做法,更是不负责任的投机取巧行为。认为二者完全融合更是无稽之谈。

一个产生传统文化的地方,如果不珍惜传统文化的价值,带着傲慢、偏见,甚至排斥的心态来看待传统文化,可能阻碍传统文化的传承和其价值的实现。在文化自信的时代建构中,传统文化精神资源的发挥,问题不在于传统文化和科学精神是否契合的问题,更不是盯着传统文化禁锢科学精神的方面,而是必须实现传统文化和科学精神的契合,以及思考如何实现这种契合,这应成为国家长久性、基础性的文化战略。所以,传统文化有利于、并且能够培育科学精神符合今天的时代文化精神,这既契合实现传统文化的创造性转化和创新性发展的时代主题,又能在一定程度上改变我国科学精神缺失的社会现状。

三、"有利说"符合当代中国文化自信的时代主题

传统文化是否有利于科学精神培育的两种界说,都具有一定的合理性,甚至更多的人持以"不利说"。我们现在大力倡导传统文化的创造性转化和

创新性发展,如果毫不动摇地坚持"不利说",拒斥传统文化中有利于培育科学精神的积极因素,不转变思维方式,抛却"有色眼镜",是无法实现传统文化的转化和发展的。所以,换个角度和视角,全面、客观、深入地挖掘传统文化当中被忽略的内容,理直气壮地坚持"有利说",才符合当今文化自信的时代主题。

(一)契合传统文化创造性转化和创新性发展的现实需要

传统文化在滋养国人的同时,不可否认也存在糟粕和不足,对传统文化的批判反思一直没有断绝,往往还存在"用力过猛"的问题,实际上都是没有对传统文化进行客观、全面的认识所致,盲人摸象、管中窥豹的做法必然导致片面的结论。如何使传统文化的转型是有力的、富有实效的,从而使传统文化更富有生命力,才是务实之举。科学精神是世界文化的组成部分之一,费孝通先生在《中国文化的重建》中多次提到了世界文化的多元和谐,他概括出了 16 个字:"各美其美,美人之美,美美与共,天下大同。"①即要树立文化自信自强意识,尊重欣赏他国文化,相互包容借鉴,实现文化多元和谐,这也涉及文化之间的互通有无。

以传统文化的创新为例,传统文化的诸多内容是精华和糟粕杂糅在一起,涉及是发扬光大、辩证对待、创造转化还是完全摒弃的态度和做法。创造性转化,是指传统文化的某些内容今天仍然具有借鉴价值和启发意义,但其表现形式是封建宗法社会的产物,需要加以改造和转化,赋予其体现核心价值观的新内涵。如"二十四孝"中"埋儿奉母"一例,推崇孝道的精神固然需要传承,但具体行为则要完全摒弃,同时要讲清楚今天看起来"惨绝人道"的做法,是"五刑之属三千,而罪莫大于不孝"的封建社会的必然产物。文化创新既要坚持历史唯物主义,将古人放在特定的时空背景下去理解,不苛责

---

① 费孝通:《中国文化的重建》,上海:华东师范大学出版社,2014 年版,第 48、133 页。

古人;同时要讲清楚符合社会主义核心价值观价值理念的做法,应有所为有所不为。传统文化创新性发展,即对公认的优秀文化成果、可以成为构建核心价值观思想来源的,需要进一步挖掘、完善、补充,进一步增强其时代吸引力和现实感召力。如"天人合一"观念,既要和当今的环境伦理、生态文明相联结,还要注意不能赋予传统文化本身所不具备的内容,不能过度阐释和美化。培育科学精神以引领文化创新,可在诸种文化形式创新的基础上,分而后总,实现文化创新的质的飞跃,实现中华文化的再创造与大发展,借此实现文化自信。

传统文化在中国新文明秩序的建构中,面临的最大挑战就是能不能提供现实的精神资源。这既是挑战,也是期待。传统文化现代化的任务之一是实现传统文化的科学化,与现代科技文化相容、契合。当前科技文化也是文化自信的组成内容之一,传统文化必须为现代科技文化的发展提供良好的社会文化环境。传统文化本质上是一种趋善求治的伦理政治型文化,但是不乏科学知识和科学文化的成分,这部分内容需要在当代科技背景下进行转化,不断赋予其科学精神的新内涵。并且,传统文化中还含有阻碍科技进步的因素,如"雕虫小技""屠龙之术"之说,更需要彻底改造。总之,传统文化要更好地发挥中华民族精神基因的时代价值,必须不断从时代精神中吸取精华,丰富完善自己。将传统文化中的天地合德、刚健进取、简朴开放精神,与科学精神的重求真、理性、深邃精微的分析精神相结合,不断概括出人文精神和科学精神兼具的、崭新的文化形式和文化内容。

(二)改变我国科学精神缺失现状的迫切要求

随着全社会科学文化的普及和科学素质的提高,科学精神培育工作取得了一定的进步,但这仅仅是通过自身的纵向对比得出来的结论,与发达国家的横向相比,目前我国科学精神培育工作并不能使人满意。

1. 科研人员科学精神的缺失

按理说,科研人员应是科学精神最为显著的群体,但现实生活中,实际情况并非如此,因为科学知识和科学精神并不是完全正相关的关系,并非科学知识越多,科学精神越显著。科研人员可以是某一个领域的专家,却未必成为秉持科学精神的人。造成这一局面的一个很重要的原因,就是在人才培养机制方面,传统文化"学而优则仕"的影响。在人才选拔机制上,政府倾向于任命那些业务能力优秀的人担任行政职务,而科研人员本身,也把担任行政职务作为殊荣,将其认定为是对自己业务能力的肯定。殊不知,在本专业是专家,却未必能胜任行政职务。传统文化强调"学而优则仕",还不忘"仕而优则学",但担任了行政职务的专家,往往无暇兼顾业务,易致使业务荒疏。诚然有二者兼顾之人,但毕竟是少数,即使有些人走上仕途之后,仍然不乏科研成果,也往往是之前的科研积淀打下的基础。并且,担任行政职务的专家,仍然会参与到科研项目的评选、职称竞聘、奖项评定等活动中,肯定不乏涉及与自身利益相关的环节,往往使评选、认定活动失去一定程度的公正性,打击了青年科研人员的科研积极性,使科学的求真精神、创新精神涣散、消解,这种情形本质上还是科研专家放弃了科学精神。

风气的扭转需要有正确的舆论导向和奖励机制,业务能力优秀的人,并非需要委以官职,在本领域获得同行认可、获得专业奖项应是最高奖励。同时,行政人员参与科研项目,应是在胜任本职工作之余的个人行为,政府部门应加强监管,防止出现打着政府的名义,以职业之便谋取个人私利的情形。因此,在科研领域大力培育、弘扬科学精神应是十分紧迫和重要的任务。

2. 行政人员科学精神的缺失

行政人员在国家社会发展中扮演着非常重要的角色,是否具备求真务实、严谨负责的科学精神和专业负责的职业操守,直接影响着决策部门职能的发挥。当今"科学技术是第一生产力"的观念已经取得共识,但是行政长官在安排地区发展战略时,对经济效益的关注往往不自觉地优先于对科研项目的投入。并且,为了效益的显而易见,往往是粗放式发展,好大喜功,仅凭手中掌握的权力去指挥和决策,无视经济发展的客观规律和环境、资源的客观现实,没有运用科学精神实现科学发展、集约式发展,造成了社会资源的浪费和不良的社会影响,导致人们对公共决策失去信心。并且,某些行政长官,在专业能力方面的专家称号往往是徒有虚名,仍参与到地方科研项目的评选中,往往是以外行指导内行。即使是有专业职称的行政人员,面对综合性、前沿性、其他领域的科研项目,也往往力不从心,其发言、点评、指导未必切中肯綮。这样的评审结果,很难让人满意。因此,大力培育行政人员的科学精神,既事关科研项目的社会公正性,也关系到社会资源的保护与可持续发展。

拥有科学精神的人,能在浮躁喧嚣的社会现象中,保持冷静、清醒、辨别的头脑,不轻信、不盲从、不从众,对于经济建设和社会生活中违背科学规律的现象和做法,能够及时制止或者提前防范,起到"纠偏"的作用。科学精神的本质是实事求是的精神,但是由于某些行政人员缺乏基本的科学精神,为达到不可告人的政治目的或者获取巨额经济利益,往往通过弄虚作假的手段,其价值观已经严重背离科学精神,甚至站到了科学精神的对立面。因此,在我国经济体制改革和政治体制改革中,如何在价值观、思维方式、民主生活和经济管理方式的改革中,培育起与权力、职责相匹配的科学精神,时刻以科学精神作为引领和评判标准,是目前我国科学精神培育的一项极其重要的任务。

3. 社会大众科学精神的缺失

随着时代的进步和科普工作的开展,我国公民的科学文化素质和科学精神思维方式有了显著的提高和改善,但是结果并不能令人满意。城乡居民的科学素质水平还有较大的差异,在广大落后的农村地区,许多人仍对封建迷信思想盲目的信从,把其作为生活的主导,并且把大量的时间用于宣传封建迷信方面。封建迷信与科学精神的怀疑、批判精神背道而驰。即使在城镇,很多人面对铺天盖地的网络和传媒信息,也缺乏基本的分辨和甄别的能力,并且往往以网络信息的导向和判断标准作为行为处事的出发点。某种意义上可以说,盲目信从网络资源和信息,也成为现代迷信的另一种表现方式。

譬如说,欧美、韩日文化中的影视作品,在目前的中国文化市场中,占有大量份额,不可否认其情节的丝丝相扣和跌宕起伏,确实能够抓住人们的眼球,但是,这些影片也在无形中输出本国文化的价值观。这种价值观,对一个国家的人民,尤其是青年,往往起到"温水煮青蛙"效果。目前一些革命题材的作品,为了获得轻松娱乐的观赏效果,不惜戏说历史,庸俗文化大行其道,健康、向上的主流价值观却是彰显甚难、渐行渐远。此时,唯有运用科学精神,进行鞭辟入里的分析,才能帮助群众认识到哪些与科学精神是一致的,哪些是应该完全摒弃的、危险的东西。

社会大众往往对与自身生活关联不大的科学知识缺少应有的兴趣,更不用说隐藏在背后的非常抽象的科学精神了。在很多人的意识中,科学精神对己而言是可有可无的,或者认为科学精神是科学家这一群体应该具备的,主观上非常自觉地把自身置于科学精神的培育主体之外。并且对科学精神的培育工作,持有冷漠、怀疑或者袖手旁观的认识和态度。科学文化修养和创新精神的缺乏,使得对社会大众进行科学精神培育已是刻不容缓的工作。

总之,贫穷不是社会主义,愚昧落后也不是社会主义,物质文明的进步只是社会文明程度的方面之一,与之相伴的是精神文明的提高和科学精神的弘扬。社会大众是社会建设的主体,他们的科学文化素质和科学精神直接关系到一个民族和国家的创新水平和进取精神,建设创新型国家必然离不开社会大众创新精神和创新能力的提高。因此,改变社会大众科学精神缺失的现状,是实现民族复兴、实现中国梦的迫切需要。

(三)迎接世界文化挑战的必然之举

当前市场经济负面效应引发了文化"物化"、文明失范现象,社会大众不乏精神空虚、心理焦虑,缺失"诗意地栖息在大地上"的心灵归属。在中国特色社会主义的各种文化形式中,科学精神与各种封建迷信、伪科学、反科学处于"万物生长"之状态,后者的"野蛮生长",大有解构、消解科学精神合理性、科学性之势。这就要求必须大力培育和弘扬科学精神,并且使培育工作永远处于一种警醒的状态,不断关注社会现实,以解决问题为契机和突破口,使培育工作永远保持一种奋进的激情,能够为当前制度和行为提供深度阐释和理性说明。

传统文化有利于科学精神的培育,在面对西方的无理指责时,能够运用把优秀传统文化作为根基的中国特色社会主义文化,"有理、有节、有据"地予以反击;而面对客观批评,又能以科学理性精神去除姓"资"姓"社"的萦绕,抛却西方强权政治的"有罪推定",虚心接受,不护短,不愤青;面对西方的赞赏,能够以科学精神区分出是别有用心还是言为心声,是抱有警惕还是坦然接受。文化自信要在"是非审之于己"的基础上,以一种洞察力、敏锐力、灵活性,坚守本国文化建设道路,维护国家文化安全,以优秀传统文化引领全体人民,以一种饱满的精神,投身到社会建设中,哪怕艰难险阻,道阻且长,也会因为先进文化的力量而凝聚。

迎接世界文化挑战要求我们做好中国优秀传统文化的对外传播,让世界更多地听到中国的声音。利用各种学术交流平台和机会,与世界学者对话、沟通,赢得传统文化的理解和认同,兼听则明,误读、误解、贬低、毁损的声音才会自绝于耳。同时,还要争夺文化话语权,在这场无硝烟的战争中,要运用科学精神,对看似普遍的概念如"自由""民主"等,重新定义、厘定、确认其含义，正本清源、查漏补缺。要拥有很强的理论抽象和建构的能力，以科学精神的客观性、全面性、彻底性来阐释西式自由、西式民主不等于自由、民主本身，其只是自由、民主的一种形式，而中国特色社会主义文化中蕴含的自由、民主才是真正的自由与民主。

在与西方价值观竞争中，西方价值观占领了道义制高点和真理定义权，并以普世的名义宣判他者文化的非正当性。[①] 中国尚未掌握话语规则的制定权和主动权，某种程度而言，中国学者提出的观点、理论，仿佛只有获得西方学界的认可，才具有了理直气壮的自信。真正的文化自信，是中国也有权利、能力、魄力去界定西方。在文化竞争、挑战中，通过弘扬传统文化和培育科学精神，理性对待西方强力推行的、冠以"普世"名号的价值观，透过现象看到本质，西方价值观并非"美颜神器"，存在"橘枳不同"的问题。当前，大力弘扬中华优秀传统文化，并在全社会进行科学精神的培育，营造一种健康、良性的文化环境，塑造一种深刻、丰富的文化理念，培育出具有伟大人格、健康理念、世界品格的社会主体，在文化竞争与挑战中，以传统文化视阈下培育科学精神，来整合、引领其他文化形式，进而增强、实现文化自信。

---

① 张涛甫：《再谈核心价值观的构建与传播——兼论对西方文化产业的借鉴》，《东岳论丛》2012 年第 11 期，第 35 页。

第四章　传统文化视阈下
科学精神培育之必要性

每个国家、民族都在历史的长河中,创造了可歌可泣的民族精神和时代精神。中华民族在历史的长河中形成的优秀传统文化,具有强大的生命力,是民族精神和民族情感的重要体现,是支撑中华民族走到今天的宝贵思想资源和精神财富。全球化背景下的文化交锋、思想碰撞、价值观冲突,迫使每个自觉的民族都要了解、学习、传承本民族的优秀文化。在目前的时代背景和世界文化格局中,中华民族要在世界舞台上站稳脚跟,需要传统文化提供坚实的根基。在传承本民族优秀传统文化中,实现对科学文化的价值传承、对科学求真的不懈追求、对科学伦理的严格恪守,培育出民族的科学精神,引领社会的求真风尚,形成民族的严谨思维,激发公民的创新意识,以科学精神来培育和践行社会主义核心价值观,是文化自信的时代主题中不可缺少的重要环节。

一、科学精神应成为优秀传统文化的评价标准

优秀传统文化是中华民族在建设民族共同精神家园的过程中,运用理性思维创造出来的具有独特文化归属标志的文化成果,是生为中国人最独

特的文化血液和精神基因。五千年来一直未中断的中华优秀传统文化,文以载道,化成天下,将天地纳入人的胸怀和思考维度,磅礴大气又悲天悯人。文化创造不能随心所欲,传统文化是从过去继承下来的历史条件,是实现文化自信的重要文化内容。一种新的文化形式和社会风尚的形成,必须从文化的"根"中吸取养分,否则,即使在某段时间内风靡一时的文化内容,最终也会因为没有坚实的根基,昙花一现,成为过眼烟云。同样,传统文化还必须实现与时俱进的发展,科学精神的融入以及作为评价标准而存在,应成为优秀传统文化的内容构成和属性特征。

(一)科学精神是传承优秀传统文化的理性判断

马克思、恩格斯在《德意志意识形态》中指出:"历史不外是各个时代的依次交替。每一代都利用以前各代遗留下来的材料、资金和生产力;由于这个缘故,每一代一方面在完全改变了的环境下继续从事所继承的活动,另一方面又通过完全改变了的活动来变更旧的环境。"[①]同样,传统文化也是既定的、不可回避、逃避的文化资源,每个人有责任,也有义务进行传统文化的传承、弘扬。世界和社会日新月异,坐地日行八万里,个人赖以生存和生活的文化也必须与时俱进。而文化能否与时俱进,实则关系到民族的存亡绝续,其中一点即是把代表世界潮流的科学精神融入传统文化中,从传统文化的"因"中,结出科学精神的"果"。"历史和现实都表明,一个抛弃了或者背叛了自己历史文化的民族,不仅不可能发展起来,而且很可能上演一场历史悲剧。"[②]

文化主体的价值选择倾向于运用科学理性精神做出文化判断,认同与自己的传统、风俗、伦理道德、思维方式等相同或相近的价值规范。文化形成过程中,民族成员的参与程度越高,享受一种文化的时间越长,就越认同

---

① 〔德〕马克思,恩格斯:《马克思恩格斯选集》(第1卷),北京:人民出版社,2012年版,第168页。
② 习近平:《在哲学社会科学工作座谈会上的讲话》,新华网,2016年5月18日。

这种文化，就越有心理上的亲近感、认同感、归属感。显然，文化自信以何种文化作为根基，传统文化是人们的首选。一种新的文化模式的开启与巩固，新的文化要素的传播与认可，必须从传统文化中汲取养分和力量。每个国家、民族从诞生之日起，一直在创造、传承属于本民族的优秀文化。"那些人性中共同的东西，以真善美打动灵魂的东西，与我们身体的完整性和情感的脆弱性特别相关的伦理观念"，①是可以成为文化创新的价值基石的。人类文明是多元的，每个民族尤其是民族精神，都有自己的文化特质，如德国文化的严谨自律、犹太民族的崇智精神、美国人民的探索和冒险精神、英国人民的科学精神和理性品格等。运用科学精神来看待传统文化，传统文化中的优秀因子，如爱国情怀、民族精神、豁达乐观、诚信知礼、注重集体、乐善好施等品格，经过抽象、剥离、提炼、转化之后，能够成为中华民族的共同精神财富。

以传统文化为根基以引领、实现文化自信，体现了"使先知觉后知，使先觉觉后觉"的文化自觉和理性精神。成中英先生在《新觉醒时代——论中国文化之再创造》中，提到了人类在新时代的五大觉醒，其中包含"生命与文化发展上的觉醒""社会与道德价值上的觉醒"。② 时至今日，领悟这两大觉醒的真谛，在于建立一种包容开放、聚气凝神的先进文化，在传统文化中实现文化生命的延续推进、生生不息、与时偕行。饱含科学精神的优秀传统文化，能够赋予人们一种自觉自新的能力，提供一种思想自觉和价值标尺，以一种客观的历史认知，防止陷溺于历史上传统文化营造的内向闭塞和傲慢偏见；又蕴含着促进文化自觉、自信、自强的精神动力，能够褒有文化生命之延续，赋予文化发展以动力；同时匡正文化发展方向，赋予文化发展真、善、美兼备的价值追求。这对于文化发展抑或民族进步都是持续、有益的推动力量。

---

① 徐向东：《道德哲学和实践理性》，北京：商务印书馆，2006 年版，第 445 页。
② 〔美〕成中英：《新觉醒时代——论中国文化之再创造》，北京：中央编译出版社，2014 年版，第 5-9 页。

"仁,人之安宅也;义,人之正路也"(《孟子·离娄上》),传统文化中"仁""义"的时代再现,它以一种"精神还乡"的方式,带来心灵的安抚与正能量的勃发,不是借助宗教的自我麻痹,不是诉诸物质的醉生梦死,也不是无所事事带来的百无聊赖。传统文化能够作为养分促进中国文化骨骼的发育、强大,在自我理解与觉解、科学精神理性选择和判断的基础上,提升、丰富中国文化的主体性,既把中国文化带到世界文化的水平面上,促使西方文化了解中国文化;也使中国文化以自身的世界眼光和深层次性,从文化发展的世界图景中思考自身的文化发展与建设问题,以贡献于人类文化的发展。

(二)科学精神是传统文化现代化的时代要求

文化是民族认同的根本,传统文化既然是历史形成的文化财富,就面临着要实现与时俱进的发展问题,也就是现代化的问题。在传统文化的历史走向中,经历了断裂、压制、复兴的周而复始过程。在传统与现代的不断交锋过程中,传统文化经受了现代文化观念和思想因素的冲击和考验,传统文化也面临着现代化的问题。要保持传统文化的生命力,完全复兴传统文化不是明智之举。传统文化中的治国方式、教化体系等内容,在今天显然不能完全照搬使用,要发挥其借鉴价值,重新为今人所用,就必须对其改造,注入代表时代精神的新因素、新概念。

传统文化的核心理念与其倡导的自强不息精神有效地促进了我们的开拓进取意识,培养出难能可贵的科技创新思想,传统中国社会也产生了丰富的科学技术和科学成果。然而传统文化的某些理念和思维方式,在宣扬创新、理性、实证的科学精神方面却有明显的滞碍作用。科学精神是人类精神的精华,是先进文化的体现,是科学发展的保障,是物质文明的动力,是民主政治的基础,是衡量一个社会文明程度的重要标志。利用科学精神作为实现传统文化自我"扬弃"的方式之一,进而促进传统文化的创造性转化和创新性发展。深入挖掘传统文化中有利于培育科学精神的人文精神,培育科学精神并积极融入中华民族精神,既是实现传统文化现代转型的必由之路,也是提升国家文化软实力,实现文化自觉、自信、自强的必然要求。

科学精神产生于西方的过程,是一个科学精神要素的生成与扬弃、结构的形成与变革的辩证文化过程。传统文化借助于科学精神的融入而实现现代化,是一种理性的创见,应在深度对话、批判汲取的基础上,积极主动地学习西方国家建构和传播本国文化现代化的战略、机制和途径,以及文化设计、发展目标和创新计划。学习、吸收他国文化中科学精神,要学精、内化,花拳绣腿不行,亦步亦趋不行,邯郸学步更不行。吸收借鉴不是单纯的"物理嫁接",而是要产生"化学反应"。

科学精神融入传统文化以实现文化的现代化,要体现于百姓日常生活中,内化于心、外化于行,个人既有行动勇气,又有道德担当;社会充满活力,又和谐有序;国家兴盛强大,又圆融大气。以传统文化的现代化来实现文化自信,要求我们对世界的变化葆有理性,以一种开阔之心胸,置本国发展于世界潮流之中,反思我们的生命动力从哪里来,规划我们的发展目的朝哪里去。这是一种基于历史、立足现实、走向世界、放眼未来的关于文化战略的整体考量。我国正处于实现中华民族伟大复兴的关键时期,社会的结构变迁和新的现代化模式需要利用科学精神,实现传统文化的现代化、国民素质的提升和中华民族精神的重塑,科学精神的培育将是这项事业的重要内容。

(三)科学精神是传统文化自觉自为的价值尺度

中华民族伟大复兴的一个方面,是中国文化软实力的增强,在传统科技文化的基础上,吸收西方科学精神,建设中华民族自有的科学精神话语体系。以传统文化培育科学精神,可以借鉴西方的经验和方法,但所走的路应在文化自觉的基础上,由我们自己决定。传统文化在为人类提供精神资源的同时,需要在多元文化背景下对西方价值观的挑战做出回应。诚然,回应是必需的,但回应不是全部。传统文化的进一步转化和发展,竞争力和凝聚力的增强才是根本。增强需要查漏补缺，需要科学精神的融入。传统文化的包容、开放和多元精神，需要主动地以他国文化为参考，在比较、借鉴、融通中看到自身的长处和局限，以冷静客观的视角，增强自我反思的能力。

增强文化软实力，实现文化自信，不是文化自大，不是夸大文化的内容和作用，过度阐释，赋予文化本身不具有的内容和价值。科学精神为传统文化提供价值尺度，运用传统文化来阐释和解答现实生活中的重大问题，要体现出文化的历史厚度、现实透析深度、视野广度和战略高度。为了解决现实问题而预设答案，并将答案硬塞到传统文化当中，这是削足适履的生搬硬套做法。此举往往以文化自信的面目出现，貌似解决了现实问题，但因其阐释、解决问题并不能很好地切中肯綮，反而失去了阐释的实力，也造成了对文化本义的歪曲。另一种情形则是对传统文化内容的把握不足，存在望文生义或以偏概全的做法，譬如把"形似"的概念不加分析，认为其也"神似"，从表面或者一般意义上用通俗的理论来阐释尖锐的问题，往往导致传统文化的内力不足而无法做出强有力的说明，又导致人们对文化能否解决问题而失去信心。文化自信是要运用科学精神，对传统文化的未来走向有明确的发展方向，在文化模式上有自己的创见，给国人提供对人生、社会和国家的深刻的自觉的价值追求；能够为他国、民族提供文化经验，在普遍性文化意义上提供一种民族性、世界性兼具的价值观念，确立中华传统文化在世界文化中的地位，提升传统文化在世界文化价值体系中的主导和引领作用。

文化自信本质上是主体精神力量和本质力量的自信，通过主体的认知、知识、价值三个方面表现出来。显然科学精神不能为主体提供专业、具体的知识，实际上大千世界的万事万物，日常生活中的繁杂琐事，"生有涯知无涯"的现实也决定了主体不可能通过一己之力穷尽所有知识以解决问题。但科学精神提供了解决问题的科学的认知角度和理性的价值观念，而这较之于专业知识，一定程度上更为重要。传统文化视阈下培育科学精神，将科学精神融入传统文化当中，既为文化创新提供了目的性指向，也使文化主体的认知活动、实践活动更加自觉、自为。在良好的文化氛围中,主体对生命意义的追求、对世界自觉能动的把握,会更加明晰、从容,而这无疑会大力增强我国的文化软实力,有利于坚定文化自信。

二、科学精神是塑造中华民族精神的重要内容

　　一个正确的文化理念必须考虑文化中包含的各种因素以及他们之间的因果关系。[①] 中国特色社会主义文化的矛盾系统中,传统文化中的中华民族精神具有非常重要的文化价值,它决定着文化的民族特色,对其他文化形式具有重要的影响作用。正是有了中华民族精神,中国特色社会主义文化能够与他国文化相区别,文化才具有了"精气神儿"。中华民族精神是中华优秀传统文化的灵魂,传统文化为民族精神的培育提供了思想资源、精神要素,既是肥沃土壤,又是源头活水。民族精神为继承传统文化开辟了路径,拓宽了领域,提升了境界,为传统文化的创造性转化和创新性发展,指明了方向,提供了精神动力和价值支撑。传统文化视阈下讨论科学精神培育的必要性,自然绕不开科学精神与民族精神的关系问题。当前塑造中华民族精神,实现民族精神的与时俱进,把体现当前中华民族文化特色和文化凝聚力的新思想、新元素熔铸到新时期的民族精神中,不仅需要政府的倡导和支持,更需要一定的文化土壤和民众基础,需要科学精神的内在精神力量的促进和推动。科学精神融入并塑造民族精神,并为其提供具备科学思维方式的社会公民和良好的社会环境,是构建新时期民族精神的重要内容。

(一)中华民族伟大复兴需要培育全体人民的科学精神

　　科学精神虽然起源于科学研究活动,但并非为科学家所独有,而应为全

---

① 〔美〕成中英:《新觉醒时代——论中国文化之再创造》,北京:中央编译出版社,2014 年版,第 40 页。

体民族成员所必须。科学精神本身是静态与动态的结合,科学精神不仅是一种精神气质和状态,还包括身体力行、不达目的不罢休的执着,既包含着对知识的追求,又包括对未知领域的实践探求,是知识、实践和意义追寻的统一。科学精神能够更新价值观念、变革思维方式、文明行为规范、提高科技意识、优化审美情趣。科学精神的培育、普及决不仅仅局限于科学知识的传授,而是以知识为手段,赋予人们一种自觉自醒的能力,一种对自身命运和客观规律反思、批判的能力。科学精神有利于实现人的现代化,促进全民族科学精神的提高,诚然,具备了科学知识的人,即使是某个领域的专家,也未必一定具有科学素养,而普通群众也未必不具有科学素养。但是拥有了科学精神的人,显然能够以一种科学的价值观,以科学理性、求真务实的人生观,来看待、审视人与自然、人与社会的关系,能够把实现民族复兴作为人生价值的实现方式。

首先,科学精神有助于人们形成科学的思维方式。科学精神能够提高人的自我认知能力和判断意识,建立起一种求真、求实的思想方式、行为方式和生活方式,在尊重客观规律的前提下,形成以科学的方法解决问题的思维方式,有利于形成科学的世界观和人生观,从而更加自觉地、理性地思考问题,避免盲目和从众行为,在生活、工作、学习中做到合理规划,松弛有度。

其次,科学精神能够赋予人们自觉追求真理的能力。科学精神能够以巨大的感召力和推动力,促使人们打破传统的保守和禁锢,自觉地从世俗力量中解放出来,运用自身的思考和判断,自觉主动地去追求真理。这种敢于怀疑、不断创新的能力,不仅仅局限于科学领域,会推而广之,在经济、文化、政治等领域中,积极地探索规律、有所发现,为社会实践注入了源源不绝的动力和活力。

最后,科学精神有助于人们形成正确的价值观。当前各种封建迷信的沉渣泛起、伪科学的甚嚣尘上,不能仅仅依靠科学知识的普及,还要运用科学精神的利器。诚然,普及科学知识能够起到一定的作用,但是,这对于科学知识的要求很高,必须是综合性和广泛性的知识。因为封建迷信、伪科学涉及面非常广,而针对具体领域、"术业有专攻"的知识往往有乏力之感,要求一个人在有生之年掌握各种学科知识,成为各个领域的专家,显然不现实。科学知识和科学精神是"形"与"神"的关系,科学精神侧重于素质和能力,较之科学知识的具体性,科学精神显然更胜一筹。在实现中华民族伟大复兴的征途中,必须逐步培育全体人民的科学精神。

(二)科学精神是促进民族科学发展的精神动力

科学的发展,社会的进步,并不能仅仅依靠科技工作者,社会中的每一个成员都有责任、都有义务促进科学的繁荣昌盛。因此,新时期民族精神的构建,必须在全社会营造尊重科学、崇尚科学的风气,使培育科学精神蔚然成风,以科学精神推动民族科学的大力发展。

首先,科学精神对科学实践活动具有规范作用。科学精神的求真精神、求善精神、理性精神、实证精神、民主精神、怀疑精神、宽容精神、严格精确的分析精神等方面,是作为精神状态和思维方式而存在。科学精神既然作为精神主旨、行为规范、思维方式而存在,科学实践活动中就必须恪守缜密的科学方法,通过周密的实验,遵循严密的逻辑,并且以数学语言将知识系统准确表述。科学精神规范了科学实践活动的严肃性、准确性和科学性。

其次,科学精神激发了科学工作者的自主性。科学活动有其独特的逻辑机制和发展规律,应尽可能避免社会性对科学自主性的干扰。科学精神内化为科学工作者的行为规范和思维方式之后,科学家会自觉地按照科学的精神气质进行科学活动。并且,在科学受到社会性的侵袭之后,科学家会自觉、自主地予以抵制,保障科学活动最大限度地独立、自主、客观。同时,科学精神还能提高科学工作者的自觉能动性。科学精神使科学工作者对科学始终抱有好奇之心、敬畏之情和不断探究的毅力,为科学献身成为科学工作者报效祖国、实现人生价值的坚定选择。这种理想和信念,使得科学活动中即使出现了失败、挫折和反复,科学精神也能激励、促使科学工作者坚持下去,淡泊名利,无怨无悔。

最后,科学精神能够协调科学观点、思想的争论,促使科学活动不断接近真理本质。科学实践活动中,科学工作者因科学方法的不同,在科学发展的某个阶段,会得出不同的结论。因科学精神秉持"公有性""无私利性"的原则,科学工作者会无私地将研究成果公之于众,他人可本着"有组织的怀疑"原则进行审视、证伪。科学精神使得科学工作者能够理性接受他人的质疑、批评。为了求真,可以相互探讨、继续求证,甚至在竞争的基础上进行社会合作和交流,不会因为实验方法、思维方式,甚至政见、信仰的不同,而拒斥合作。科学精神使得科学实践活动最大限度地规避了社会因素的影响,成为协调科学工作者社会关系、科学观点的润滑剂。显然,科学精神是促进民族科学发展的强大精神动力,培育科学精神是当今时代之必需。

(三)科学精神为新时期民族精神的构建营造社会氛围

以科学精神实现民族精神的与时俱进,需要在社会上形成一种良好的精神氛围,通过科学思想、科学方法等,增强人的科学意识,提高人的研究、开发能力,促进科学成果的转化能力,逐步推动社会的全面进步,在社会的全面发展中培育新时期的民族精神。

首先,科学精神是推动社会经济发展的重要杠杆。科学精神蕴含的精神动力,成为科学发展的灵魂,保证了科学发展的正确方向,促使科学革新不断向纵深发展,有力地促进了社会生产力的大踏步前进。科研人员的研究、开发、应用能力,对一个社会的产业结构、生产效率、管理方式等都有极大的促进和优化作用。并且,科学伦理精神又能保证科学成果的正确转化和使用,使科学发展方向和人类社会发展方向保持一致性。通过科学知识的普及和科学方法的传授,能够提升劳动者的生产技能,从而增强改造客观世界的能力。

科学精神内含的创新精神、进取意识、务实风格和理性精神，与崇尚竞争、注重效率、推崇实干、遵守法律的市场经济，具有原则上的一致性。在全社会培育、弘扬科学精神，能够为市场经济的发展注入活力，保证市场经济沿着正确轨道发展。并且能够克服实践生活中的弄虚作假、好大喜功的行事风格。科学精神能够促使企业运用科学的组织方式进行科学管理，提高了企业的整体规划和决策能力，以及分析、洞察市场经济运行规则的能力。

科学精神是"科教兴国"的含义之一，科学的昌明和教育的昌盛，离不开科学精神的彰显。我国具有巨大的人力资源优势，通过科学精神的全局意识和协作精神，处理好经济、教育、科技的协同发展和相互促进，把经济发展切实转移到依靠科技进步和提高劳动者素质的轨道上来，真正发挥科学精神塑造国民心性的作用。

其次，科学精神能够促进社会政治文明的完善。科学与民主互为条件、相互促进，科学精神内含民主的精神气质，自然而然地成为培育民主社会的思想资源。科学精神内含的这种民主特质，能够对社会民主政治的建立、完善、发展，提供理性基础。并且，科学的这种民主作风，能够渗透到社会意识和民族精神中，成为社会大众的思维方式和价值观念，提高了社会大众对政治文明的关注度和参与度。在政治文明的意识、制度、行为等各个环节和层面，允许大众表达观点，民主讨论协商。科学精神与政治文明的这种相通性，成为促进民主政治发展的重要途径。

科学精神中的理性精神和规矩意识，要求政治领域中的机构改革、人事招聘等事项，必须按照法律和规章制度进行，要发扬科学研究中尊重客观规律的优良学风，减少人为因素和暗箱操作，既能对问题达成共识，也能最大限度地实现公平公正，以让人民满意为标准，既纯化政治环境，又有益于社会稳定。

最后，科学精神能够促进社会文化发展。作为精神层面的狭义文化，包括科学文化和人文文化，这两种文化相互贯穿又相异，笼统而言具有不同的价值取向和精神气质,我们称之为科学精神和人文精神。社会发展的一个层面是精神文明的进步,表现为全体人民思想道德素质和科学文化水平的提高。科学精神能够帮助人们树立正确的世界观和方法论,以科学精神为代表的科学文化,能够使人们在日常生活中,祛除愚昧迷信的蛊惑,以一种达观豁达的心境看待生老病死、贫穷富贵等人生问题。科学的理性批判精神,又能对无所不能的伪科学追问到底,赋予了人们明辨是非的能力,能够净化、优化社会人文环境,这显然有助于文明社会中民族精神的构建。

(四)科学精神是实现民族精神现代化的应有之义

民族精神是传统文化的精华,是一个民族的精神品格、民族性格、价值追求、文化风貌的集中显现,是凝聚民族成员、维系民族生存、推动民族发展的精粹思想和文化灵魂。民族精神产生于特定的时空背景中,与社会的经济、政治、文化、制度、风俗紧紧相连,带有非常明显的时代印记。民族精神之所以深入每一个人的骨髓里,在关键时刻能爆发出巨大的凝聚力,主要在于民族精神并不是故步自封的,而是随着历史的推进,不断将时代精神吸收进来。除了具有时代性,民族精神还具有开放性,不断吸收他国民族精神中的优秀成分,为己所用。

民族精神中包含有非常丰富的人文精神,异彩纷呈,流光溢彩,每一时代都产生了非常优秀的思想家,产生了脍炙人口的优秀作品,对涵养国人的性情,提高思想境界,陶冶情操,至今仍有巨大的魅力。但是理性审视可以发现,民族精神中的理性精神和求真精神,较之求善精神,就暗淡了很多。与时俱进的民族精神,必须把当今代表时代发展潮流的科学精神囊括其中,这既是培育科学精神的时代需要,也是民族精神焕发时代生机和活力的必然要求。

当今世界各国纷纷注重科学精神的培育,科学精神是当今最显著的时代精神之一,是先进文化的重要组成部分。我们应立足于中国特色社会主义的伟大实践,自觉地以科学精神来塑造中华民族精神,查漏补缺,与时俱进。同时,还要注意不能过分夸大科学精神的作用,民族精神中的德行精神、求善精神,可以更好地纠正科学理性带来的一系列问题,如价值观的扭曲、环境伦理、人的异化等问题。许多公共事件,如转基因食品安全性问题、环境保护问题等,需要公众具备一定的科学精神予以评判。如果公众对涉及科学的公共事件的背景、评判方法、社会影响缺乏基本的了解,其发表意见和参与讨论的机会也会大打折扣。我们应在承继传统文化优秀基因的基础上,既秉承民族精神的巨大感召力,又吸收科学精神于其中,积极进行文化创新,使民族精神焕发出时代精神的魅力。

科学精神能够在一定程度上克服传统文化的负面影响,科学精神重理性主义和逻辑分析,能够克服传统文化过于重视直觉的思维方式;批判怀疑创新的科学精神,又能够打破保守、禁锢的传统文化特征,赋予人们奋发向上的精神力量。当科学精神成为民族精神的组成部分,成为民族成员的基本素质,人们才会自觉地运用科学的理论武装自己,用崇高的精神塑造自己,才能自觉地建设民族的先进文化,保证文化朝着为人类服务的方向发展。

三、科学精神是传统价值观转变为社会主义核心价值观的重要保障

价值观是文化的核心,价值观的演变是文化发展、更新的表现和确证。价值观不是一成不变的,在特定历史条件下,总是表现为统治阶级的思想。从"罢黜百家"到"百家争鸣",从"重义轻利"到"义利并举",从"长官意志"到"民主法治",从"道德内省"到"他制他律",从"三纲五常"到"自由平等",从"伦理至上"到"理性精神",从视科技为"雕虫小技"到注重"科学精神"等,可

以说,价值观的演变投射出中国文化的发展史。当今,民主、自由、法治、理性等,逐渐成为人文精神的主要内容,成为人们认同并践行的思维方式和行为规范,而这也正是科学精神的主旨。所以,传统文化视阈下培育科学精神,既有益于传统文化本身的现代化,对整个社会而言,重申科学精神的价值,也是实现传统价值观转变为社会主义核心价值观的重要保障。

当前科学精神越来越深入社会生活的各个层面,核心价值观 24 个字,虽然没有科学,但却蕴含着科学精神。[①] 科学精神虽然是贯穿于科学活动中的基本的精神状态和思维方式,但能够以其蕴含的深刻的求真精神、理性精神、实证精神、创新精神、批判精神、求真求善求美精神等,成为践行社会主义核心价值观的重要思想基础。科学精神本身是价值标准和行为规范的统一,科学精神内含的价值理念,既是核心价值观的重要内容,也是核心价值观的践行目标。以科学精神来践行核心价值观,就使践行核心价值观既符合人类思想认识和价值观发展的规律性,也符合核心价值观在造福人类、改造社会、提高个人素质等方面的目的性。

(一)科学精神为践行社会主义核心价值观奠定理性基础

践行社会主义核心价值观,首先需要解决的是对核心价值观的认同问题,排除各种错误思潮的影响,消除对核心价值观的偏见和误解,端正对核心价值观的态度。以理性务实的观念和做法,弘扬社会主义核心价值观的正当性、科学性、先进性,积极主动地使信仰核心价值观成为每个人的自觉意识,使践行核心价值观成为理所当然的事情。

1. 科学精神为践行社会主义核心价值观提供思想前提

社会主义核心价值观作为国家、社会、个人行为层面的宏观的指导思

---

① 《中国自然辩证法研究会举办"科学精神与践行社会主义核心价值观"主题研讨会》,《自然辩证法研究》2015 年第 3 期,第 127 页。

想,落实到具体的行动上,需要公众具备相应的科学知识以及一定的理性精神来理解、认同和践行,这种理性精神,首先是践行社会主义核心价值观的自觉意识。以科学精神来践行核心价值观,理论联系实际最好的方法就是通过科学普及教育,加强科学活动与社会活动的良性互动,逐步培育公众的科学精神,为践行核心价值观提供良好的理性基础。当理性精神成为人们行为稳定的、指导性的信念时,核心价值观就会成为人们自觉的规划和行动。

科学精神为核心价值观提供思想前提,是一个"润物细无声"的过程。科学精神能够作用于人生观,"不仅我们的日常生活受到它的影响,千百万人的成功依赖于它;而且,我们的整个人生观早已不知不觉地普遍受到了这种宇宙观的影响"。① 在一个知识水平比较高、科学思维方式比较发达的社会,一个拥有科学精神的人,他的价值观念、生活方式、审美情趣等都不免受到科学的影响,会自觉的、本能地运用科学思维方式来思想祛魅。不管是面对生活琐事,还是社会上扑面而来的各种价值观,还是感动人心的正能量,都会运用科学精神去伪存真,于是生活是理性的,是激情的,也是纯粹的。人们运用科学精神在"普世价值"、历史虚无主义、文化复古主义等各种社会思潮中,在"绕树三匝,何枝可依"的困惑迷茫中,会自觉选择、拥趸、践行社会主义核心价值观。这不是人云亦云的从众,亦不是亦步亦趋的附和,而是运用科学精神作出的理性选择。

在选择、认同核心价值观的基础上,科学精神能使人们理解核心价值观中具体价值理念的内涵,在此基础上,理解各个层次中价值理念的相互关系,进而从总体上把握各个层次之间的内在逻辑联系。"感觉到的东西,我们不能立刻理解它,只有理解了的东西,才能更深刻地感觉它",②可以说,科学精神使人们对核心价值观的认同、理解,从感性认识上升到了理性认识,

---

① 〔英〕赫胥黎:《科学与教育》,单中惠、平波译,北京:人民教育出版社,2005年版,第105页。
② 毛泽东:《毛泽东选集》(第1卷),北京:人民出版社,1991年版,第286页。

科学精神会促使人们为宣传核心价值观而奔走,会把践行核心价值观当作理直气壮的事情。

2. 科学精神为践行社会主义核心价值观提供精神动力

科学精神要求科学家在获取真理的道路上,哪怕山路崎岖,"道阻且长",也要义无反顾,不盲从他人,不畏惧权威,对已有知识时刻保持警醒、批判和怀疑。科学发展史上真理一开始往往掌握在少数人手中的事实,注定科研工作者有时候是终始一贯的执着,甚至忍受孤独一生的"高处不胜寒"。实质上,这种锲而不舍的精神,适用于每一个追求社会进步、有志于自我提高的人。

社会主义核心价值观需要在科学精神的推动下去践行。学习、理解核心价值观,达成认识和思想上的共识相对容易,但要贯彻落实,却往往困难重重,需要付出勇气、毅力甚至代价。在现实生活中,阻碍践行核心价值观的因素很多,有陈旧思想观念的抱残守缺,有落后传统习俗的百般阻挠,有封建文化糟粕的纠缠束缚,正如马克思所言:"在一切意识形态领域内传统都是一种巨大的保守力量。"①移风易俗甚为不易,尤其是涉及利益问题,往往比触动灵魂还难。此时,具备敢于理性思考、探索求真的科学精神,对于深刻学习领悟核心价值观,内化于心,"亦余心之所善兮",把核心价值观作为安身立命不可或缺的价值追求,"自反而缩,虽千万人,吾往矣",在实践中外化于行,以"虽九死其犹未悔"的执着,克服种种艰难险阻,排除万难去实践、去落实的人来说,这种精神动力不仅是前提,还是必要条件了。

3. 科学精神使践行社会主义核心价值观成为坚定信仰

树立起对社会主义核心价值观的坚定信仰,前提是核心价值观具有科学性和先进性。"理论只要说服人,就能掌握群众;而理论只要彻底,就能说

---

① 〔德〕马克思,恩格斯:《马克思恩格斯选集》(第4卷),北京:人民出版社,2012年版,第263页。

服人。所谓彻底，就是抓住事物的根本。"①实质上，核心价值观反映了人们对理想社会制度、政治制度、生活制度的追求和向往，成为社会是否和谐、制度是否先进、公民是否有素质的评价标准。只有站在信仰的高度来透视和理解社会主义核心价值观问题，才能把握住社会主义核心价值观建设的理论关键和问题实质。②

　　弘扬科学精神，以实践路径促进社会主义核心价值观信仰的建立，关键在于建构有利于促进核心价值观信仰形成的现实利益机制。因为"'思想'一旦离开'利益'，就一定会使自己出丑"③只有通过实践，改变现有观念赖以产生的利益环境，才能使观念发生根本性的、彻底的转变。弘扬科学精神，增强国家科技实力，实现国家的"富强、民主、文明、和谐"，让人民通过国家富强获得民族自尊心、自信心，让人们生活在一个"自由、平等、公正、法治"的社会中，让人们感受到生活的幸福感，"仓廪实而知礼节"，人们自然会领悟到核心价值观的科学性和先进性，这比仅仅满足于字面上的口头宣传、单纯用"好"的价值理念代替"不好"的理论灌输，是一种更加"以人为本""入脑走心"的做法。进而在扩大共同利益的基础上，最大限度地扩大共识，人们必然会相信核心价值观所倡导的价值目标的真理性和可行性，进而在实践中更加坚定地践行。这种坚定，又促进了国家的强大、社会的发展、物质生活和精神生活的改善，形成一种良性循环，社会主义核心价值观遂成为一种坚定的信仰。

4. 科学精神对不利于践行社会主义核心价值观的现象能够予以批判、抵制和引导

　　科学以追求知识和真理为使命，科学要实现发展，既要扫清前进路上的

---

① 〔德〕马克思，恩格斯：《马克思恩格斯选集》（第1卷），北京：人民出版社，2012年版，第9-10页。
② 冯秀军，王淼：《培育和践行社会主义核心价值观的几个基本问题》，《教学与研究》2014年第8期，第69页。
③ 〔德〕马克思，恩格斯：《马克思恩格斯文集》（第1卷），北京：人民出版社，2009年版，第286页。

思想障碍,又要不断开拓科学发展的场域和路径,可以说,"破旧立新"的重担唯有科学的批判精神方能承担,批判精神在一定程度上既是科学发展的内在动力,也是科学永葆活力的秘诀所在。科学的批判精神,要求我们在践行核心价值观的过程中,对败坏社会风气、与核心价值观格格不入的行为和做法,譬如一些贫困地区大操大办的丧葬风俗、打着科学外衣的各种"伪科学"、号称包治百病的灵丹妙药等愚昧、迷信的现象,要敢于"亮剑"、批判和抵制,要大力培育和践行社会主义核心价值观,宣传健康文明的生活方式。因为精神文化领域,积极、健康的价值观不去占领,消极、落后的东西必然沉渣泛起,毕竟人是需要一点"精神"的。科学精神是与封建迷信根本对立的精神状态,科学精神立足于实践,要求按照世界的本来面目来认识世界,不添加任何主观色彩。科学的批判精神以实证精神和理性精神为基础,用科学精神武装人,就使对不利于践行核心价值观现象的批判是"有理、有据、有节"的批判。

科学的批判精神不是单纯地为了批判而批判,批判是手段,批判在揭露和摧毁的同时,目的在于启示和重建,在于引导被批判对象走向成熟和完善,引导人们重塑健康积极的人生观、价值观,在批判旧世界中发现和建立新世界。各种不利于践行核心价值观的因素和现象,往往是作为传统而存在,已成为人们生活中必不可少的一部分,"认识和社会的一定阶段对它那个时代和那种环境来说都有存在的理由",①物质脱贫相对容易,而精神脱贫更为艰巨和长久。科学精神要求我们以社会主义核心价值观来做耐心细致的说服教育工作,通过蕴含核心价值观理念的手段创新和基层工作创新,通过核心价值观强有力的价值引导来提高社会成员的道德判力和道德责任感,"见贤思齐,见不贤而内自省",以核心价值观来除戾气、正风气、明是非、别善恶,逐步建立起良好的社会环境。

———————————

① 〔德〕马克思,恩格斯:《马克思恩格斯选集》(第 4 卷),北京:人民出版社,2012 年版,第 223 页。

(二)科学精神为践行社会主义核心价值观提供基础保障

践行社会主义核心价值观,既需要核心价值观内在真理性的彰显以引领社会思潮,还需要良好的社会民主环境,使核心价值观成为政治文明的追求目标;核心价值观作为一种思想上层建筑,需要一定物质基础的保障;需要良好的社会制度以表彰、规范、约束人们行为,以此为践行核心价值观提供良好的外部环境。

1. 科学精神为践行社会主义核心价值观创设民主氛围

民主是社会主义的本质规定,是社会主义政治文明的核心,理应成为社会主义核心价值观国家层面的基本范畴和重要内容。我国曾经长期处于封建社会,封建社会中央集权的模式导致了我国民主意识、民主思想、民主行为、民主制度等方面的先天不足,很多人习惯于被发号施令,这其实与我国科学精神的缺失不无联系。科学精神与政治文明具有民主内涵的相通性,科学精神可以为政治文明,进而为核心价值观创设民主氛围。

科学精神内含民主的理念,科学与民主密不可分,科学要实现发展,要经过"多元的思考、平权的争论"[①]才能实现以"理"服人。无论是形成科学概念、做出科学判断,还是进行科学推理,"科学家个人的知识,只有在他将这些知识,以一种别人能够独立地判断其真实性的方式,让人知道后,才能被允许合适地进入科学殿堂"。[②] 根据波普尔的可证伪理论,任何科学理论都应该具有科学上的可证伪性,科学要实现"否定之否定"的发展,必须接受实践的检验,接受科学家和科研人员的民主监督和批判,允许每个人在其知识能力范围内发表对科学的见解。

科学精神中的民主原则和机制,可以日益渗透到政治生活中,有益于培

---

① 蔡德诚:《科学精神与人文精神不可分》,《民主与科学》2003 年第 2 期,第 12 页。
② 美国科学院等:《怎样做一名科学家》,北京:科学出版社,1996 年版,第 4 页。

育公民的政治参与意识、平等协商精神，能够提高政治文化素养，规范政治行为，要求政治文明服务于社会的整体利益，促使政治权力以更加科学、民主、合理的方式运作，实现依法办事、依制度办事的求真务实的政治态度，这必然有利于良性社会制度的建立。当前践行核心价值观当务之急仍需大力弘扬科学精神，让科学的民主作风和品质渗透到政治文明中，以此把民主建设推向新的水平，从而为践行核心价值观创设良好的民主基础，使核心价值观蕴含的民主理念成为政治文明的基本价值追求。

2. 科学精神为践行社会主义核心价值观奠定物质基础

中华民族历史悠久，中华文化源远流长，但中华民族被誉为一个文明古国，而不是一个科技大国，中国传统文化最欠缺近代意义上的科学因子。我们接受现代技术和设备，享受科学带来的生活上的诸种便利和新奇，却没有在我们的文化中，适时接受乃至培育出相应的科学精神。时至今日，热爱科学、尊崇科学、献身科学的社会文化氛围还没有很好地形成，科学仍然被神圣化，被认为是普通百姓遥不可及的书斋里的学问，科学与大众日常生活还没有真正实现"天堑变通途"，对科学抱有功利主义、实用主义、保守主义心态的大有人在。

创新精神是科学精神的灵魂，也是中华民族最鲜明的民族禀赋。"科学的本质是创新。创新是一个民族进步的灵魂，是一个国家兴旺发达的不竭动力。"[①]创新型国家应该是科学精神蔚然成风的国家，"在马克思看来，科学是一种在历史上起推动作用的、革命的力量"，[②]科学是推动生产力发展、实现经济繁荣的不竭动力。当今"科学技术是第一生产力"的观念已经深入人心，"落后就要挨打"的惨痛教训仍刻骨铭心，我国需要利用先进的科学技术实现经济增长方式从"粗放型"到"集约型"的转变，科学自身的发展和应用

① 江泽民：《江泽民文选》(第3卷)，北京：人民出版社，2006年版，第103页。
② 〔德〕马克思，恩格斯：《马克思恩格斯选集》(第3卷)，北京：人民出版社，2012年版，第1003页。

水平也是评价社会发展的重要尺度。科学精神既是科学技术得以发明创造的根本,也为科学技术的合理利用提供精神导引,同时,科学精神还是先进文化的体现。中华民族只有继承和发扬科学创新精神,努力成为科技创新大国,在自主创新上有所发明,有所创造,实现以科技创新引领经济和社会发展,才能增强综合国力,塑造大国形象,实现国家的富强、民主、文明、和谐。只有以科学的精神、态度和方式去践行社会主义核心价值观,才能为核心价值观奠定深厚的文化底蕴和雄厚的物质基础。

3. 科学精神为践行社会主义核心价值观提供制度保障

践行核心价值观必须有公正合理的制度环境,"由于一个组织良好的社会是持久的,它的正义观念就可能稳定,就是说,当制度公正时,那些参与着这些社会安排的人们就会获得一种相应的正义感和努力维护这种制度的欲望"。① 只有坚持科学精神,以理性务实的态度,才能设计出正义公平、高效运转的社会制度和体制,才能在践行社会主义核心价值观的过程中,避免因制度的不公正而出现"说起来重要,做起来次要,忙起来不要"的情况。

发扬科学精神以践行社会主义核心价值观,必须领会科学的精神特质。"科学的精神特质是指约束科学家的有情感色彩的价值观和规范的综合体。这些规范以命令、禁止、偏好和许可的形式来表达。它们借助于制度性价值而合法化。"②这种领会,首先体现在制度、法律、法规、政策等的制定上,制定具体规范释放出有利于践行核心价值观的价值理念和价值评价标准。其中,与核心价值观相一致的理念和目标,制度、法律、法规、政策等必须予以明确的许可、倡导;而有所缺失的但又是和谐社会所必需的,必须要有"偏好"的趋向并进行积极的培育;而与核心价值观相违背的,不利于社会安定团结,扰乱视听、蛊惑人心的,必须以"命令"的方式予以禁止。可见,核心价

---

① 〔美〕约翰·罗尔斯:《正义论》,何怀宏,何包钢,廖申白译,北京:中国社会科学出版社,1988年版,第441页。
② 〔美〕R. K. 默顿:《科学社会学》(上册),鲁旭东,林聚任译,北京:商务印书馆,2003年版,第363页。

值观也可以"借助于制度性价值而合法化",通过制度、法律、法规、政策等以规整价值秩序。这和《关于培育和践行社会主义核心价值观的意见》中提出的"注重把社会主义核心价值观相关要求上升为具体法律规定,充分发挥法律的规范、引导、保障、促进作用,形成有利于培育和践行社会主义核心价值观的良好法治环境"不谋而合。

制定规范可以说是科学精神对核心价值观的"静态"支持。就"动态"支持而言,科学精神"关于真相的断言,无论其来源如何,都必须服从于先定的非个人的标准:即要与观察和以前被证实的知识相一致"。[①] 科学精神具有不畏强权、敢于坚持的特质,因此在制度的贯彻、落实上,凡是与核心价值观一致的行为,应鼓励、褒奖,树立先进典型,带头示范;与核心价值观相违背之处,禁止、惩处以儆效尤。显然,践行核心价值观也必须坚持"不盲从、不轻信,坚持审查对象理论根据和事实根据"[②]的"非个人的标准"。总之,建立和实施公平正义的制度来保障核心价值观的制度化、法律化,人们感受到了制度的公正、民主和平等,必然会认同社会所推崇的核心价值观。

(三)科学精神为践行社会主义核心价值观提供实践主体

"对一个民族、一个国家来说,最持久、最深层的力量是全社会共同认可的核心价值观。"[③]当前日益激烈的文化竞争,实质上就是文化所代表的核心价值观的竞争,就看哪一种核心价值观能得到群众发自内心的认同。

1. 科学精神能最大限度地促使公众成为践行社会主义核心价值观的主体力量

"科学与成功有着密切的关系。因为依靠科学知识,一个民族就能获得

---

① 〔美〕R. K. 默顿:《科学社会学》(上册),鲁旭东,林聚任译,北京:商务印书馆,2003 年版,第 365 页。
② 马来平:《试论科学精神的核心与内容》,《文史哲》2001 年第 4 期,第 54 页。
③ 习近平:《习近平谈治国理政》,北京:外文出版社,2014 年版,第 168 页。

成功,就能真正得到发展。"①科学精神作用于人,首先表现在对人科学知识和思维方式的影响。当今科学精神以其深刻的人文底蕴和巨大的社会功效,成为最显著的时代精神之一。一个缺乏科学精神的人,他就不可能有与时俱进的思想观念,灵活畅通的思维方式,富于自主性、创造性的行为方式,以及科学、健康、文明的生活方式,就很难说他是一个现代化的、素质高的人。② 科学精神能给人们提供一种理性、豁达的人生态度,一种扎实、稳健的生活方式,拥有科学精神的人,即使他本身掌握的知识不足以解决生活中遇到的问题,科学的思维方式会让其求助于相关领域的专业人员以释疑解惑。理论是灰色的,而生活之树常青,实际上,人们坚持和信奉的价值观往往是生活实践理念的总结和升华,要使公众成为践行社会主义核心价值观的主体力量,无非是在日常生活、职业生活以及建设中国特色社会主义的实践中,运用科学精神,提高明辨是非的能力,把握核心价值观的真理性,积极主动地践行社会主义核心价值观。

科学精神对人的影响,还体现在提高人们的思想道德素质方面。科学精神包含着追求真理"只要主义真"的视死如归精神,执着于信仰的"上穷碧落下黄泉"的矢志不渝精神,视科学精神为爱国精神的"科学虽无国界,但科学家有自己的祖国"的牺牲精神。科学精神作为真、善、美相统一的崇高精神,是一面旗帜,能够帮助人们树立正确的世界观、人生观、价值观。这对于培养人们的责任意识、进取精神、民主意识、爱国精神等,具有巨大的引导和激励作用。显然,具备了较高思想道德素质的人,更容易成为"爱国、敬业、诚信、友善"的公民。同时,科学精神作为先进文化的重要组成部分,是现代社会的基本价值追求,科学精神在培养"有理想、有道德、有文化、有纪律"的"四有"公民方面功不可没。"理论一经掌握群众,也能变成物质力量",③以

---

① 〔英〕赫胥黎:《科学与教育》,单中惠,平波译,北京:人民教育出版社,2005年版,第17页。
② 夏从亚,刘冰:《科学、科学精神及其价值探讨》,《石油大学学报(社科版)》2004年第1期,第38页。
③ 〔德〕马克思,恩格斯:《马克思恩格斯选集》(第1卷),北京:人民出版社,2012年版,第9页。

科学精神来践行核心价值观,既使核心价值观"实力"与"魅力"兼备,又为核心价值观提供了认识主体和实践主体。

2. 科学精神使科技工作者成为践行社会主义核心价值观的先锋力量

科学具有自由的品格,科学存在的本质就是自由,科学应该是、并且注定是自由的。① 科学探究真理不能设限,科研人员必须拥有思维驰骋的自由、大胆假设的想象、实证的行动自由,"科学上不同的学派可以自由争论",②采用行政命令、政治压迫,军事迫害等"罢黜百家"式的要求意识形态整齐划一的做法,"要求玫瑰花散发出和紫罗兰一样的芳香",③必然造成科学界如死寂深水。科学精神的自由品格,不仅为科技工作者创造了宽松、民主的良好氛围,有利于实现核心价值观倡导的社会层面的价值目标,而且也是人类摆脱"必然性"进入"自由王国"所追求的价值理念,从终极目标上,有利于实现马克思主义所追求的"每个人的自由发展是一切人的自由发展的条件"④的理想社会。

正如习近平总书记所概括的,"马克思说:'科学绝不是一种自私自利的享乐,有幸能够致力于科学研究的人,首先应该拿自己的学识为人类服务。'这是一种很高的精神境界。长期以来,我国科技界涌现出许多受到人民爱戴的科学家,他们代表的是一种时代精神,影响的是一代又一代年轻人。"⑤广大科技工作者要大力弘扬科学精神,不断加强科学道德建设,积极建立科学的学术评价制度,建立健全学术准则法律法规,不断完善学术规范监督体系,坚决抵制学术不端行为,努力营造民主、自由、公正、和谐的学术气氛。

---

① 李醒民:《科学的自由品格》,《自然辩证法通讯》2004年第3期,第5页。
② 毛泽东:《毛泽东文集》(第7卷),北京:人民出版社,1999年版,第230页。
③ 〔德〕马克思,恩格斯:《马克思恩格斯全集》(第1卷),北京:人民出版社,1995年版,第111页。
④ 〔德〕马克思,恩格斯:《马克思恩格斯选集》(第1卷),北京:人民出版社,2012年版,第422页。
⑤ 习近平:《在中国科学院第十七次院士大会、中国工程院第十二次院士大会上的讲话》,北京:人民出版社,2014年版,第20页。

"士不可不弘毅,任重而道远",科技工作者作为科学文化水平较高、专业知识深厚、科学精神最为显著的群体,较之于社会大众,更易于接受和笃行核心价值观,理应在报效祖国、履行社会责任中身先士卒,努力做爱国的公民、敬业的学者、诚信的同行、友善的专家,用言传身教带动全体人民思想道德素质和科学文化素质的不断提高,为践行社会主义核心价值观凝聚起强大的社会力量,承担起更多的社会责任,成为践行社会主义核心价值观的先锋力量。

3. 科学精神使理论工作者成为进一步凝练社会主义核心价值观的中坚力量

实际上,核心价值观只是提出了一个具有最大公约数的价值共识,还需要在实践中不断深化、丰富和完善。恩格斯曾言:"马克思的整个世界观不是教义,而是方法。它提供的不是现成的教条,而是进一步研究的出发点和供这种研究使用的方法。"①同样,核心价值观不是僵化的理论和公式,对核心价值观的研究、探讨也并未完结,广大理论工作者还需秉持批判怀疑、改革创新的科学精神,在现有价值共识的基础上,静心观之、慎思明辨,对践行核心价值观的成果及时进行理论上的反馈和总结。对广大人民群众普遍关心的问题、有利益诉求的问题、能切实代表民意的问题、展现核心价值观风采的城市精神和行业精神等问题,进行科学准确的判断和甄别,将其纳入凝练核心价值观的视野中。

科学的求真精神要求理论工作者在凝练核心价值观的过程中,不能随意选取一些美好的价值概念,社会主义核心价值观必须是反映社会主义制度本质的价值取向,②既要抓住"和谐"这一中国特色社会主义的本质属性,又要处理好与其他价值理念的关系。科学的理性精神要求凝练核心价值观

---

① 〔德〕马克思,恩格斯:《马克思恩格斯选集》(第4卷),北京:人民出版社,2012年版,第664页。
② 韩震:《"民主、公正、和谐"体现了社会主义的核心价值追求——兼论社会主义核心价值观的凝练及其原则》,《红旗文稿》2012年第6期,第9页。

的过程，必然不能丧失传统文化的根本，"水必有源，而后不绝；木必有本，而后向荣"；还需要借鉴西方文化的有益成果，"择其善者而明用之"。这都需要理论工作者运用科学精神的"火眼金睛"，复返其根，创新汇通。以科学精神为指导，理论工作者通过对核心价值观做更加凝练、完备、成熟的概括，成为阐释和传播社会主义核心价值观的中坚力量，进而实现了在继承传统文化基础上的文化自觉，在映照西方文化对比中的文化自信，以及核心价值观最大程度凝聚社会共识的文化自强。

　　综上，践行社会主义核心价值观，是一项长期而艰巨的任务，既要做好总体规划，又要做好基础工作，还要设计好具体路径，而科学精神内含理性、统筹的战略眼光和全局观念，可以为践行核心价值观保驾护航。科学精神是强国之基，社会主义核心价值观是强国之魂，科学精神对一个国家的繁荣富强、一个民族的进步兴盛是必不可少的，践行核心价值观需要科学精神的支持和推动，弘扬科学精神是践行核心价值观的题中应有之义。践行核心价值观，既要仰望星空，胸怀科学精神以坚持正确的发展方向；也要脚踏实地，秉承科学精神以实现国家、社会、个人行为层面上的发展目标、价值导向和道德准则。唯有此，社会主义核心价值观方能"譬如北辰，众星共之"，日征月迈，历久弥坚。

第五章 传统文化视阈下
科学精神培育之可能性

中国传统文化,所涉领域甚广,包含内容甚多,譬如"中和"的理念,是一个涵盖时间和空间的广阔概念,无所不包,又无处不在。"中和"可以体现为作为"道"的宇宙观、本体论,如"天何言哉?四时行焉,百物生焉"。"中和"又可以体现为人的实践印记和待人接物的处事方式,如"发乎情,止乎礼"。从认识论的角度看,"中和"的目的在于求真。从伦理道德的角度来看,"中和"的目的又在于求善,如孔子所言"中庸之为德也,其至矣乎!(《论语·雍也》)"从美学的角度看,"中和"就是追求"至美"。传统文化中又有着极为丰富的科学技术,中国兵书成熟极早,中国医学至今有效,中国农业之精耕细作,中国技艺的独特风貌,在世界文化史上都是重要现象。它们与天文、历数、制造、炼丹等等还有所不同,兵、农、医、艺涉及极为广泛的社会民众性和生死攸关的严重实用性,并与中国民族的生存保持直接的关系。① 博大精深、包含璀璨科学技术的中华优秀传统文化,为科学精神的培育提供了广阔的前景和无限的可能性。

---

① 李泽厚:《中国古代思想史论》,北京:生活·读书·新知三联书店,2008 年版,第 321 页。

一、优秀传统文化的开放性和包容性是培育科学精神的前提条件

传统文化内容丰富、博大精深，具有强大的民族凝聚力。民族凝聚力的形成，首先依赖于民族文化的自我认同，当认同心理和评价标准趋于一致而产生的文化归属感，就具有了跨越国界和地区的文化凝聚力，以文化脐带的方式存在，所以才有了苏武牧羊归心未变、昭君出塞思汉不止的强烈文化归属感。

(一)中国传统文化是世界上唯一没有中断的文化体系

传统文化之所以一直没有中绝，原因之一得益于"中和"的思想理念。"中和"理念自古就有，源远流长，深刻地影响着中华先人的审美情趣和思维方式。"中和"既是关乎宇宙、自然的本体论，也是处理人与自然、人与社会关系的基本法则，成为人们普遍的思维方式和行为方式，也成为认识、判断事物的基本价值规范。"中和"对传统文化的影响主要有二：其一，就主客体的关系而言，"中和"更倾向于把人、主体作为出发点和落脚点，以人为本，在真善美的关系上，更注重善和美的结合，因此传统文化是关于人生的哲学，这与西方侧重于客体的哲学和美学，以及注重真和美的文化传统，形成了鲜明对比。其二，"中和"更强调和谐统一而非对抗斗争，认为和则兴、斗则伤，强调共生共荣、求同存异。"和"成为事物发展的动力，"和"文化促使文化的日积月累、日新月异，保证了文化的源远流长，使中华传统文化成为世界上唯一没有中断的文化体系。而西方以"斗争"为主要特征的文化，易使文化发展出现"断裂"，虽然在"断裂"的基础上形成的文化更容易造成文化发展"质"的飞跃，但是这种重塑往往要付出巨大的代价。因此，"中和"文化，成

为凝聚民族力量和保持社会稳定的心理根源和文化基因。

正是由于传统文化具有强大的同化力、凝聚力，所以才有了强大的生命力，以一种巨大的文化力量实现了文化的延续和继承。历史上很多民族文化由于外族文化的入侵，导致了本民族文化的陨落。古印度文化曾经因为雅利安人的入侵而被摧毁，罗马文化则是日耳曼人南侵而导致中绝断层，而古埃及文化则是"几易其主"，由于亚历山大大帝的占领而被希腊化、恺撒大帝的占领而呈现罗马化、阿拉伯人的统治则是伊斯兰化。唯有中华文化历经千年而不断绝，这固然与中华民族相对封闭的地理环境相关，更得益于民族兼容并蓄、和而不同的文化风格。传统文化至今仍焕发出巨大的时代感召力，为本民族和世界的文化发展提供了源源不断的文化灵感，做出了巨大的历史贡献。

传统文化的延续传承很大程度上也得益于汉字的使用。在最早使用的文字当中，两河流域的楔形文字和埃及的圣书文字，早已不再使用。汉字最早可追溯至商朝甲骨文，后经钟鼎文、篆字、隶字，到繁简楷字，汉朝时取名为"汉字"。汉字是历史上使用时间最长、迄今仍使用、汉文化圈中使用最广泛的文字。虽然古今的语言体例有变化，但是语法结构基本未变。汉字具有超越国界的文化归属功能，能唤起人们内心深处深厚的民族情感，正是因为有汉字，一定程度上既保持了民族的团结统一，又传承和发扬了传统文化。

（二）中国文化是多元文化形式的集大成者

中华文化生生不息，绵延不绝，融多民族、多区域、多形态的文化于一体，之所以能够海纳百川，除了有自强的力量，还具备兼容的气度和灵变的智慧，所以做到了有容乃大。"中华文化的包容性是一以贯之的"，[①]包容性

---

① 费孝通：《中国文化的重建》，上海：华东师范大学出版社，2014年版，第35页。

的前提是对己文化有清醒的认识，这种认识建立在文化自觉的基础之上。人贵有自知之明，同样，对文化的"自知之明"是文化自觉，生活在特定文化中的人对其文化的渊源、来历、形成、特点、发展趋向、态势都有明确的自知，以一种理性、豁达、澄明的态度来看待，对异质文化不盲目排外，对优点不妄自尊大，对缺点不妄自菲薄，通过"否定之否定"，实现文化的自觉、自信、自强。"和而不同"是文化自觉和包容的体现，"以力服人者霸，以德服人者王"。

传统文化具有强大的同化力，外域文化和异质文化进入中国后，大部分都被中国化，典型如佛教的中国化。佛教最初流行于印度、巴基斯坦、尼泊尔一带，东汉初传入中国，后又经魏晋、隋唐各朝，仍未使中国文化佛教化，反而是佛教化于中国文化中，成为中国文化的因子，一部分以中国佛教禅宗的文化形式存在，一部分消融于魏晋玄学和宋明理学当中。并且，在佛教与中国文化的交融中，譬如在与儒学的交互过程中，儒学的思维水平得以提高，儒学思想得以充实。正是由于中国文化的这种强大的同化力，使得佛教在中国的狂热期并未一直延续下去。

中华民族是一个多民族国家，除了生活在黄河流域的汉文化之外，还有特色鲜明的西域文化、吴越文化、巴蜀文化、岭南文化等，因此传统文化内涵丰富。历史上还存在着契丹、匈奴、鲜卑、辽、金、羌等民族，北方游牧民族对汉民族的军事攻击，即使建立起了统治政权，但是在文化上，还是被中原文化同化。一些贤明的君主，甚至主动向汉族文化靠拢、学习。在各民族文化的交融、冲突中，汉族文化反而吸收了游牧民族高超的骑射技术、异域特色的音乐舞蹈、丰饶的物产和畜牧技艺，成就了传统文化的博大精深。

在对待前人文化传统上，传统文化更能做到兼容并包，甚至以前人之规则和操守来匡正今人。孔子就是"祖述尧舜""宪章文武"。在孟子看来，为政必须"遵先王之法"，否则就是离经叛道，就可以人神共诛之。孟子的"法先王"思想是先秦儒家所固有的政治倾向。荀子也认为"先王之道，仁之隆也"。"万物并育而不相害,道并行而不相悖",兼容并蓄的文化风格,激励着中华民族在发展自身文化、提高文化品位和格调的同时,又包容、超越、改造了狭隘、粗鲁、野蛮的外来文化,并且以有原则、有条件的退让换取了文化的和谐统一、"保合太和",开创了一个既融入日常生活,又展现了道德关切、艺术美感、宗教情操的圆融大气的文化局面。

(三)传统文化能够吸收、改造源于西方的科学精神

中华民族是一个多民族共同体,中华文化也是多元文化形态,分布在不同地域的民族文化,以汉族文化为主体,还包括回族文化、蒙古族文化、彝族文化、藏族文化、满族文化、瑶族文化、苗族文化、土家族文化等。地域文化又包括齐鲁文化、荆楚文化、中原文化、岭南文化、三秦文化、吴越文化、巴蜀文化、燕赵文化、关东文化等。当然地域文化和民族文化有交叉,都是劳动人民在特定的地域内,通过艰苦卓绝而又富有创造性的劳动实践,创造出来的具有浓郁地方特色、反映地方风土人情的物质财富和精神财富。

中国传统文化虽然与他国文化、异质文化有过深入的接触和交流,但始终保持着自己独特的风貌,而融入了传统文化中的他国文化、异质文化,也具有了典型的中国作风和中国气派。中国人深信人从自然中得以演化创生,人属于自然的一部分,天人合一,主客体区分不做精确界定。人可以隐于自然,也可以超脱于自然以创造,不管哪种方式,都是实现现实目标的手段。所以,尽管儒、道实现人生价值的方式相通又相异,但是在广阔的宇宙视野中,本质上能够和谐处之。加之中国人重伦理实用,用现实性的道德来统一超现实的宗教,使其最终也现实化。伦理和宗教也能和谐相处,而道德起到了宗教的功能。所以,传统文化在多元文化形式差异中,能够找到动态平衡点,重视秩序划一,以兼容并蓄为最终目标。

以"中和"的理念为例,春秋之前,"和"指的是不同事物、元素的和谐搭配。《中庸》将"中和"分成了内"中"外"和"。孔子将"和"又具体化为"礼"的

运用,"礼之用,和为贵","礼"成为"和"的标准。董仲舒将"和"贯穿于事物从生到成、由生至终的全过程,"起之不至于和之所不能生,长之不至于和之所不能成",①将"中和"的思想绝对化、普遍化。朱熹则将"中和"生活化、实用化,使合乎礼的"和"演化为"当其时合如此做,做得来恰好所谓中也","中即平常也,不如此便非中",进而使"中和"理念转向对"中"的阐释。宋明理学侧重内心修饰,更强调对"中"的领悟和内化。"中和"理念在不同时期有所区别,但其精神主旨是一脉相承的。

　　实际上,文化自觉的过程,即是文化由"由之"进而"知之",而由文化影响着的生活方式也由"自为"进而"自觉"。进入 21 世纪,生活方式和文化转型应是同步的,生活方式的文明化和现代化,与文化的现代转型,与时俱进、相得益彰。文化的现代化,必然要求科学精神的融入。生活方式的现代化,理应包括科学精神的融入,这不是要求每个人都具备一定的科学知识、科学技术和科学方法,要求每个公民做到不仅不可能,也不现实,而是应强调知识、技术、方法背后的精神主旨和价值观念,让科学精神作为一种思维方式而存在,甚至作为生活方式而存在。当然,这并不是主张生活处处是理性的、冷冰冰的。

　　传统文化中的物质文明,譬如工艺品制造像陶瓷、玉器、青铜器、丝绸等,住所园林像亭台楼榭、王宫庭院等,交通工具如桥梁、水路、舟船等,体现民族智慧的珠算、中医等,影响世界的四大发明等,这些凝结着民族文化的科技发明,都附着着先人不断求真、实证、创造的科学精神。传统文化中的物质文化和近代科学精神能够相衔接,其对科学精神的重塑,能够和对其他文化形式一样,赋予源自西方的科学精神以典型的中国作风和中国气派。

----

① ［清］苏舆撰:《春秋繁露义证》,钟哲点校,北京:中华书局,1992 年版,第 444 页。

二、优秀传统文化的人文精神是培育科学精神的思想基础

科学研究过程中，关于进行科学研究的动力、研究对象、研究效用、研究引发的负面效用等，是科学研究中的价值观问题，既是科学精神探讨的问题，也是人文精神涉及的问题。人文精神中所涵盖的丰富资源，能够对科学精神的培育起到参与和支援作用，并且，科学越发达，就越需要人文精神的参与。中国优秀传统文化中丰富宝贵的人文精神，能够成为培育科学精神的重要思想基础。

科学精神是渗透于科学知识、科学方法中的思想或理念，通过科学信念、科学价值观和行为规范得以体现。科学精神不同于科学知识，更不是科学技术，而是知识和技术背后蕴藏的精神主旨，是作为精神状态和思维方式而存在。以此标准来考察可发现：科学精神并非科学家或科学共同体所独有，人文社会学家和社会大众也可以具有科学精神；同样，中华传统文化典籍虽然人文、道德、伦理精神显著，但同样不乏科学精神。譬如以往对《论语》的解读，侧重道德、政治、教育等方面，忽视、轻视或否定科学精神层面，这并非《论语》的全貌和实质，不能管中窥豹，概而论之。实际上，以《论语》为代表的中华传统文化典籍，包含有丰富的科学精神。

（一）"惟道是从"的精神品格培育求真精神

科学精神是对真理的追求并为之奋斗的精神，即"求真"的精神，是面对现实探索规律的精神，即"求实"的精神①。孔子"十有五而志于学"（《论语·

---

① 李秀林等主编：《辩证唯物主义和历史唯物主义原理》，北京：中国人民大学出版社，2004 年版，第 11 页。

为政》),聪颖勤奋,"行有余力,则以学文"(《论语·学而》)),且好学乐学,即使被人称为"何其多能"(《论语·子罕》)、"固天纵之将圣"(《论语·子罕》)、"以夫子为木铎"(《论语·八佾》),仍然"子入大庙,每事问"(《论语·八佾》)。按熊十力先生的解释,孔子这种"平时无处不存每事问的精神",便是科学精神。对任何事情都要追本溯源,实乃科学求真精神的体现。

　　孔子的求真精神非常明显且决绝,"笃信好学,守死善道"(《论语·泰伯》);坚持真理,"当仁不让于师"(《论语·卫灵公》);对真知饱含热情、一腔热血,即使"朝闻道,夕死可矣"(《论语·为政》)也无怨。求真为得道,道,人生之大道,道横亘古今,然人固有一死,如何不枉活,在于能否汲汲求道以得道;若得,哪怕朝闻夕死,也会由道而生。强烈的求真精神,使孔子"博学而无所成名"(《论语·子罕》),以博学而不是凭借某一方面的技艺闻名天下,做到了"君子不器"(《论语·为政》),即不仅仅是某一方面的专才。因为强烈的求真,才会"韦编三绝"(《史记·孔子世家》),才会"闻《韶》,三月不知肉味"(《论语·述而》)。即使"饭疏食饮水"(《论语·述而》),也会"乐亦在其中"(《论语·述而》),竟然"不知老之将至"(《论语·述而》)。这种求真精神带来的快乐与充盈,而对外界物质生活之淡然,满足于"食无求饱,居无求安"(《论语·学而》),做到了君子"耻恶衣恶食"(《论语·里仁》)。即使居陋室,孔子也称:"夫子居之,何陋之有?"(《论语·子罕》)。

　　求真精神使孔子力求准确掌握大自然的运行规律,努力把握自然法则和社会运行的关系,并与提升个人品德结合起来。墨子赞孔子:"博于诗书,察于礼乐,详于万物"(《墨子·公孟》)。《论语》中确实包含有非常丰富的自然科学知识,如"苗而不秀者有矣夫! 秀而不实者有矣夫!"(《论语·子罕》)涉及植物学知识。"君子之过也,如日月之食焉。过也,人皆见之;更也,人皆仰之。"(《论语·子张》)关乎日食和月食等自然现象。"为政以德,譬如北辰,居其所,而众星共之。"(《论语·为政》)涉及天文学知识。"子在川上曰:'逝者如斯夫,不舍昼夜'"(《论语·子罕》),"日月逝矣,岁不我与"(《论语·

阳货》),认识到时间的单向性或不可逆性。"《诗》云:'战战兢兢,如临深渊,如履薄冰'"(《论语·泰伯》)为心理学知识。不可否认,孔子对自然科学知识的把握没有做到彻底的"究天人之际",但要求一个春秋时期的思想家达到科学家的要求,未免苛责古人,今日领会《论语》主旨,关键在于学习这种感人至深的求真精神。《论语》中诸如"多识于鸟兽草木之名"(《论语·阳货》)的思想,是可以成为古代科学家科学启蒙的知识来源和基础,对其进一步深化研究,能够成为做出科学发现、培育科学精神的媒介。

(二)"不语怪、力、乱、神"的无神论传统培育理性精神

理性精神既体现在对自然界的认识中,也体现在科学研究中以数学、逻辑和实验为要素,保证了科学研究成果的系统性和精确性。《论语》中的理性精神,主要体现在主体在尊重自然规律的前提下,自觉地与迷信划清界限,赋予世界的可知性,同时赋予人求知、探索的能力和动力。"人在原始时代,当智识之初开,多以为宇宙事物,皆有神统治。"①但"儒家根本重理性,反对一切的迷信,甚至反对宗教中的超自然部分。"②"子不语怪力乱神"(《论语·述而》),因"怪力乱神"均为不正之事,不益于教化。"孔子丰富的知识和阅历告诉他,鬼神其实不能干预人事,迷信鬼神是不明智的。"③"季路问事鬼神。子曰:'未能事人,焉能事鬼?'曰:'敢问死。'曰:'未知生,焉知死?'"(《论语·先进》)。孔子关注的是现实人生的此岸世界,而非虚无缥缈的彼岸世界。"因孔子论学,都就人心实感上具体指点,而非凭空发论。"④在孔子的思想和意识中,事人比事鬼重要,事人犹恐不及,何须先行事鬼;对待生死,亦是如此。

孔子在心灵、情感、思想和学识方面,追求一种通达、澄明的理性精神。

---

① 冯友兰:《中国哲学史》(上),重庆:重庆出版社,2009 年版,第 28 页。
② 〔英〕李约瑟:《中国古代科学思想史》,陈立夫主译,南昌:江西人民出版社,2006 年版,第 16 页。
③ 匡亚明:《孔子评传》,济南:齐鲁书社,1985 年版,第 214 页。
④ 钱穆:《论语新解》,北京:九州出版社,2011 年版,第 59-60 页。

子曰："臧文仲居蔡,山节藻棁,何如其知也?"(《论语·公冶长》)鲁国大夫臧文仲把一只大乌龟养在了屋子里,乌龟的居室有雕刻上山形的斗拱和绘有藻草的梁上短柱,装饰得像天子供奉祖庙一般。孔子对臧文仲"谄龟邀福"之举,并不赞同,因孔子不迷信占卜,因而反问臧文仲的智慧在哪里。孔子主张"祭如在,祭神如神在"(《论语·雍也》)。关键在这"如"字,孔子平时并没有认真探讨鬼神之有无,只是祭祀时极尽虔诚。实际上,他对鬼神仍持疑,表面上尊敬,是出于"礼"的要求,内心仍是疏离的。

孔子是理性的,无怪乎庄子感叹曰:"六合之外,圣人存而不论"(《庄子·齐物论》)。鲁迅先生亦称:"孔丘先生确是伟大,生在巫鬼势力如此旺盛的时代,偏不肯随俗谈鬼神。"[1]崇尚理性,破除迷信,实际上就是提倡一种脚踏实地、实事求是的生活态度和工作作风,反对盲目信从。因为理性,所以务实,孔子先是在鲁国任职,后周游列国,晚年回故土兴办教育"诲人不倦"(《论语·述而》),整理文化典籍,"然后乐正,《雅》《颂》各得其所"(《论语·子罕》)。

儒学"甚重视传统的礼仪,却坚决地反对任何不合自然的迷信,这有利于科学世界观的进展"。[2]坚信世界的客观规律性和可知性,正是科学理性精神萌发的前提,为以概念、判断、推理为形式的科学思维方式的产生提供了认识论的基础。20世纪初,来自异国他乡的唯物主义能在中国大地上为最广大的国人所接受,这与《论语》倡导的理性精神不无关联。《论语》影响中国2000年之久,其巨大的思想魅力一直在传承、延续,使国人在价值观和思维方式等方面,能够以理性务实的精神视角看待周围世界,以一种科学的精神和态度,接受一种新的观点。

---

① 鲁迅:《鲁迅全集》(第一卷),北京:同心出版社,2014年版,第100页。
② 〔英〕李约瑟:《中国古代科学思想史》,陈立夫主译,南昌:江西人民出版社,2006年版,第17页。

(三)"知行合一"的践履精神培育实证精神

科学精神包含实证精神,实证精神的本义就是:实践是检验真理的唯一标准,按照客观世界的本来面目来认识世界。《论语》具有强烈的实践品格,"子以四教:文、行、忠、信"(《论语·述而》),关注世事人生,强调躬行践履。孔子认为为学之道贵在学而行之,"子曰:诵诗三百,授之以政不达,使于四方不能专对,虽多亦奚以为?"(《论语·子路》)孔子本人即"文,莫吾犹人也;躬行君子,则吾未之有得"(《论语·述而》)。孔子反感言过其行、夸夸其谈天花乱坠者,认为"巧言令色鲜矣仁"(《论语·学而》《论语·阳货》),"巧言乱德"(《论语·卫灵公》),"是故恶夫佞者"(《论语·先进》)。君子应"讷于言而敏于行"(《论语·里仁》),"先行其言而后从之"(《论语·为政》),"古者言之不出,耻躬之不逮也"(《论语·里仁》),"耻其言而过其行"(《论语·宪问》)。在此,"学"绝不是仅仅记住,而是要通过"学"而行,事实上只有在行,在实践,我们才是在"学";只有在行或实践上达到自然的程度,我们才可能获得更完善的发展。①

孔子说:"如有所誉,其有所试"(《论语·卫灵公》),就是说提出某种学说要用之于实际以观察它的实效,"道听而涂说,德之弃也"(《论语·阳货》)。受躬行践履品格的影响,古代科学家进行科学研究的方式之一是以己经验、知识验证前人观点,对经典进行继承、沿袭、注疏,或者发挥、诠释、概括,以补充、提高和完善。验证的过程必须投身于实践,读万卷书、行万里路,农学家、医药学家、地理学家、水利学家等更是"绝知此事要躬行"。

不乏有人引用"樊迟请求学稼学圃"而被孔子斥为"小人"(《论语·子路》)来论证孔子鄙视生产劳动和实践。该观点不能成立原因基于:其一,孔子出身社会底层,称"吾少也贱,故多能鄙事"(《论语·子罕》),对此匡亚明

---

① 廖申白:《伦理学概论》,北京:北京师范大学出版社,2009年版,第144页。

先生曾猜测说："究竟那些'鄙事'，他未说，无可查考。大概是扫地、做饭、洗衣、种菜、挑担、推车等家务劳动和给人家放羊、放牛以至当人家有婚丧喜事时做吹鼓手之类的事，他都做过。"①孔子自己也说：富贵可求，可为"执鞭之士"（《论语·述而》）。所以，一个有如此出身和经历的人，怎么会鄙事劳动呢？其二，"小人"一词在此并无鄙薄意味，只是表明樊迟应该有更大的志向，不应把自己束缚在田园农庄，这实际上体现了孔子"因材施教"和"知人善任"的理念。其三，孔子称自己不若老农老圃，说明对自己的稼穑水平有清楚的认识，这是非常明显的实事求是精神。其四，说明孔子对治国之道充满信心，以仁政治国，人民自会四方来归。因此，不应以此事认定孔子否定生产劳动。

相反，《论语》中有很多事例，可以证明孔子是非常注重学以致用和实践的。"子适卫，冉有仆。子曰：'庶矣哉！'冉有曰：'既庶矣，又何加焉？'曰：'富之。'曰：'既富矣，又何加焉？'曰：'教之'"（《论语·子路》）。《论语》开篇《学而》首句："学而时习之，不亦说乎？"，许多人把"习"理解为"温习"。杨伯峻先生在《论语译注》中，将"习"解释为"实习，演习"，如《礼记·射义》的"习礼乐""习射"；《史记·孔子世家》中："孔子去曹适宋，与弟子习礼大树下"。这一"习"字，更是"演习"的意思。孔子所讲的功课，一般都和当时的社会生活和政治生活密切结合。②孔子以"六艺"施教，确实离不开实习、演习，且孔子要求学生要"游于艺"（《论语·述而》），即要快乐的实践。钱穆先生也认为："孔子之学，皆有真修实践来。无此真修实践，即无由明其义蕴。"③后人如农学家贾思勰，撰写《齐民要术》的过程中，特别注重第一手资料的获取，在实践活动中坚持群众路线的治学风格，为后人树立了典范。郦道元所著《水经注》，在对《禹贡》点评的基础上，提出了重视野外考察的研究方法。

---

① 匡亚明：《孔子评传》，济南：齐鲁书社，1985 年版，第 44 页。
② 杨伯峻：《论语译注》，北京：中华书局，2006 年版，第 2 页。
③ 钱穆：《论语新解》，北京：九州出版社，2011 年版，第 3 页。

　　"道"作为自然界的运行法则、规则,即自然之理,在实际生活中通过"人道"的形式得以体现。这种体现,不能自然显露,必然离不开人的实践精神。孔子一生都投身于对"道"的践行中,虽"道之不行,已知之矣"(《论语·微子》),但"知其不可而为之"(《论语·宪问》)的积极入世精神,永远是激情满怀、不知疲倦;一直在高扬一种理性的实践精神,坚信"人能弘道"(《论语·卫灵公》),这更是对人的主体性的高度肯定。《论语》于人伦和科学之间,更重人伦,且在获取知识和内心感悟上,更重直觉体悟而非诉诸外界,故"君子求诸己"(《论语·卫灵公》),但,中国的知识论从未脱离实践,把知识从本质上看作整体的,并与实践等诸多关系融为一整体,因此,"我们可以说它完全具有再发展以涵盖方法与科学的可能"①。

(四)"和而不同"的文化理念培育民主精神

　　科学的民主精神表现为真理面前人人平等,每个人都有从事科学研究的权利,并且都可以就科学研究发表意见。科学的精神气质蕴含着民主,也内在地要求民主,正是"与科学的精神特质相吻合的民主秩序为科学的发展提供了机会"。② 孔子兴办私学,"自行束脩以上,吾未尝无诲焉"(《论语·述而》)。因人有智识、悟性和道德水准的差异,孔子因材施教、因人而异;虽人有出身背景的差别,贫富或贵贱,教学中却是"有教无类"(《论语·卫灵公》),使教育摆脱了特权和等级的限制,施教于每一个有志于学习提高的人,使"人皆可以为尧舜"(《孟子·告子章句下》)成为可能。"吾有知乎哉?无知也。有鄙夫问于我,空空如也,我叩其两端而竭焉"(《论语·子罕》),虽是鄙夫请教,孔子谦虚依旧且耐心有加,通过提问以发人深省。"叩其两端而竭焉"透显出科学的思维方式,分析和解决问题时,要一分为二,抓住问题

---

① 〔美〕成中英:《21世纪中国哲学走向:诠释、整合与创新》,《中国社会科学院研究生院学报》2001年第6期,第7页。
② 〔美〕R. K. 默顿:《科学社会学》(上册),鲁旭东,林聚任译,北京:商务印书馆,2003年版,第364页。

的"两点"而不是"一点",从正反两个方面着手,以找到问题的解决策略,而不是利用师者之威,直接道出答案。

孔子教学亦是循循善诱,善于启发式教学,"不愤不启,不悱不发"(《论语·述而》),发扬民主讨论,而非压制禁锢弟子思想、言论自由。《论语·先进》载子路、曾皙、冉有、公西华与孔子谈论志向之事,子曰:"以吾一日长乎尔,毋吾以也",就是说我的年龄比你们大一些,但你们不要因此受到拘束而不敢讲话。虽然"子路率尔而对曰",子路不假思索回答,但孔子并未生气,而是"哂之",就是微微一笑,任由大家畅所欲言。在曾皙表示其志为:"莫春者,春服既成,冠者五六人,童子六七人,浴乎沂,风乎舞雩,咏而归",孔子作为温和敦厚的长者,喟然叹曰:"吾与点也。"并在点评中将"道"与"礼"贯穿其中。虽然孔子提出"君子不重则不威,学则不固"(《论语·学而》),但在教学中倡导民主,因孔子深知"后生可畏,焉知来者之不如今也?"(《论语·子罕》)。

《论语》中的师生对话,是在非常和谐的氛围中进行的。对话的目的本身,不是为了强调自身的立场、阐述自身的观点,或是表达自己的信念,以此说服对方接受、认同或效仿,而是为了聆听对方的声音和见解,增长知识,开阔心胸,陶冶情操,培育自我反思的能力。这和苏格拉底的师生关系不同,苏格拉底作为"智者",虽然声称无知,但他对真理有非常确切的把握和理解,能够以一种"思辨"的方式指出世俗谬见。虽不免咄咄逼人,却指出了学生观点的不正确。在《论语》中,虽是以"子曰"盖棺定论,但"子曰"并非独断,背后是师生之间的相互了解。

科学要发展,必须经过"多元的思考、平权的争论"①经由百家争鸣阶段,才能使真理愈辩愈明。在进行科学研究、做出科学判断、形成科学观点的过程中,"科学家个人的知识,只有在他将这些知识,以一种别人能够独立地判

---

① 蔡德诚:《科学精神与人文精神不可分》,《民主与科学》2003年第2期,第12页。

断其真实性的方式,让人知道后,才能被允许合适地进入科学殿堂"。①
"《诗》云:'如切如磋,如琢如磨'"(《论语·学而》),科学研究和科学实践必
须发扬民主精神,交流切磋,取长补短,集思广益。当前,我们应提倡《论语》
中的这种民主气息,将其扩大、发扬到学术、科研、政治等领域。

"子绝四:毋意,毋必,毋固,毋我"(《论语·子罕》),不瞎猜,不独断,不
固执,不自以为是。正是这种民主和怀疑的精神,使得儒学对其他的学说、
学派持宽容态度,即使"罢黜百家,独尊儒术"之后,儒学也不断吸收其他学
派的知识、观点来补充、完善自己。而且儒学内部,也存在观点之争,如性善
论和性恶论的针锋相对。"科学的重大的和持续不断的发展只能发生在一
定类型的社会里,该社会为这种发展提供出文化和物质两方面的条件。"②正
是这种民主、怀疑、批判的文化氛围,有力地推动了科学的发展和进步。

(五)"众恶之,必察焉;众好之,必察焉"的为学之道培育怀疑精神

科学探究未知领域获得的规律和形成的理论,都是在相对有限的范围
内才能成立,都是作为相对真理的形式而存在,必然要允许并且要经得起人
们的怀疑和批判。怀疑精神作为一种认知态度和思维方式,是对现存事物
合理性状态的追问和反思,是人类不断超越自我的自觉意识。怀疑精神首
先表现为敢于怀疑经典和权威,在怀疑和继承之间保持适当的张力。《论
语》提出了"要存疑"的思想,不能对师言唯唯诺诺,而是要有主见,敢于怀
疑。这种怀疑,首先要在"学"的基础上积极思考,"学而不思则罔,思而不学
则殆"(《论语·为政》),通过思考、怀疑来"一以贯之"(《论语·卫灵公》)求
真精神,而不能只是装知识的"两脚书柜"。

其次,怀疑精神表现为要勇于怀疑自己的理论,在怀疑自我与坚信自我

---

① 美国科学院等:《怎样做一名科学家》,北京:科学出版社,1996年版,第4页。
② 〔美〕罗伯特·金·默顿《十七世纪英格兰的科学、技术与社会》,范岱年,吴忠,蒋效东译,北京:商务
印书馆,2000年版,第14-15页。

之间保持合理的尺度。个体的思维方式和心理结构一旦形成，再进行自我突破往往需要和"故步自封""作茧自缚""思维定式"相斗争。孔子在评价得意门生颜回时，"吾与回言终日，不违如愚"（《论语·为政》）。在孔子看来，学生对老师俯首帖耳、言听计从未必值得称颂，"违"并非冒犯师威，"违"是敢于挑战权威的对己自信，更是对求真的坚持。孔子也并非固执己见之人，会不断省察自己的判断，"退而省其私，亦足以发，回也不愚"（《论语·为政》）。待颜回退下后，孔子观察颜回的私人言行，发现颜回对于师言，甚有发挥，这才得出结论原来颜回并不愚钝。《论语》中内含的这种价值引导和批判，使得人类通过知觉、理解、体验的方式，在情感、意志、心理等领域，满足了对精神生活的需求，既使人文精神关注人的价值、意义和命运，又因人文精神和科学精神的相通性，使科学精神保证了科学在反思、怀疑、批判中自由地发展，以科学的巨大进步实现了科学对人类命运的终极关怀。

再次，怀疑精神要允许别人怀疑自己，将自己的思想和理论置于严格的审视、批评，甚至挑剔和非议之下。对于从事科学研究的人而言，把怀疑的触角和批判的武器指向外部权威和自身成见也许并不难，难的是在思想深处允许并赋予了他人怀疑和批判自己的权利，坦然接受严厉审查，并且防止自身成为科学发展进步的压制者。子曰："众恶之，必察焉；众好之，必察焉。"（《论语·卫灵公》）科学不同于宗教，宗教要求人们保持绝对的虔诚，甚至达到迷信的程度；科学又不是教条，要求人们画地为牢，不敢越雷池半步。科学精神的应有之义是：被证实是科学链条上的错误环节，能省察并承认其在科学发展中的价值和意义；取得巨大反响的科学理论，能够对其保持清醒的怀疑和不断的反思与追问。

《今文尚书》是关于先秦时期的历史文献，自西汉董仲舒"罢黜百家，独尊儒术"后，《今文尚书》被奉为儒家经典。东汉时期《古文尚书》的发现，思想家们并没有一味排斥，而是开展了针对《尚书》的学术讨论，充分认识并利用了《古文尚书》的学术价值，使之成为研究《尚书》的途径之一。这较之于

《今文尚书》而言,就表现为一种治学上的怀疑精神。

　　科学史上,一些伟大的科学家在自己的研究领域,树立了一座让人"无法企及"的丰碑,但是后人若止步于丰碑带来的思想压力,那么丰碑也就失去了鞭挞后人前进的动力,变成了阻碍前进的拦路石。恩格斯曾言:"马克思的整个世界观不是教义,而是方法。它提供的不是现成的教条,而是进一步研究的出发点和供这种研究使用的方法。"①科学的进步需要有敢于站在伟人肩膀上的勇气和魄力,大胆怀疑,勇于创新,为科学发展提供源源不断的精神动力。

(六)"厚德载物"的民族品格培育宽容精神

　　科学的宽容精神是指对科学研究活动中的暂时失败、科学研究成果的暂时不合理以及反对批评的声音采取耐心公正、宽松包容的态度,反对"是就是,不是就不是"②的做法,对科学研究成果也从"它的暂时性方面去理解",③肯定科学研究和科学发现的有限意义。《论语》中"子曰:'参乎!吾道一以贯之。'曾子曰:'唯。'子出,门人问曰:'何谓也?'曾子曰:'夫子之道,忠恕而已矣。'"(《论语·里仁》)"子贡问曰:'有一言而可以终身行之者乎?'子曰:'其恕乎?己所不欲,勿施于人。'"(《论语·卫灵公》)孔子的"忠恕之道"并非流于口头,而是在生活实践中贯穿其中。《论语·述而》记载:"互乡难与言。童子见,门人惑。子曰:'与其进也,不与其退也,唯何甚?人洁己以进,与其洁也,不保其往也。'"互乡这个地方乡风恶俗,难与人言善。但那里的一个少年得到了孔子的接见,弟子们疑惑不解。孔子说:"我是赞许他的进步,不是赞许他的退步,何必把事情做得太过分呢?别人怀着洁身自好的想法来了,我赞许他的就是洁身自好的态度,不是确保他过去的表现。"孔子

① 〔德〕马克思,恩格斯:《马克思恩格斯选集》(第4卷),北京:人民出版社,2012年版,第664页。
② 〔德〕马克思,恩格斯:《马克思恩格斯选集》(第3卷),北京:人民出版社,2012年版,第396页。
③ 〔德〕马克思,恩格斯:《马克思恩格斯选集》(第2卷),北京:人民出版社,2012年版,第94页。

对互乡童子,不究其过往,不逆揣将来,赞许其当前洁身自好之心并教诲之,因孔子秉持"成事不说,遂事不谏,既往不咎"(《论语·八佾》)的处世原则。将"忠恕之道"的思维方式推及科学研究和实践中,允许科学活动出现失败或失误,并能看到失败、失误的价值,也是科学宽容精神的体现。

相信、尊重、依赖、热爱科学,但不能迷信和盲从科学。要正视和宽容科学发展史中发生和存在的错误。对待科学导致的"恶",并非科学本身造成,而是带有价值观念、欲望需求的主体,对科学的不正确使用导致。并且,科学具有可错性,波普尔归结为可证伪性,这都是科学宽容精神产生的根源和存在的必要,冠以"科学"的名号不代表一劳永逸的正确。

宋明理学的产生、发展即是儒、释、道三教思想长期交流、交融的结果,它首先继承了儒家的根本思想,表现为儒学在新的历史时期的完善和发展;同时融贯了道教的宇宙自然思想和佛教关于人生命运的阐述,表现为程朱理学和陆王心学。这种思想交锋的过程,本身也是学术宽容精神的体现。

科学的宽容理解体现了辩证法从不肯定或否定一切的特点,在肯定中有否定,在否定中有肯定。因为"认识和社会的一定阶段对它那个时代和那种环境来说都有存在的理由"。[1] 宽容理解精神不是为了纵容旧事物,而是为了保护新事物。因为任何新事物在萌发之际,往往是对人们既有认识的冲击,很多人也许看不惯或持怀疑态度,互乡童子求见孔子一事人们即如此表现,因此新事物需要时间以证明自身的正确性、先进性。科学是会在发展中不断更新的,而任何更新,都应该给过去的科学成果以一定的历史地位,而不能全盘否定。[2] 同样,科学发展过程中出现的一些新概念、新范畴、新理论,与传统科学不一致的地方,只要存在可以进一步论证的空间,就要给予足够的宽容理解。

---

[1]　〔德〕马克思,恩格斯:《马克思恩格斯选集》(第4卷),北京:人民出版社,2012年版,第223页。

[2]　周桂钿:《中国传统的文化与科技——兼评〈儒家文化与中国古代科技〉》,《中国文化研究》2004年第1期,第178页。

（七）"知之为知之，不知为不知"的治学传统培育严格精确的分析精神

当今科学虽然在大踏步发展，但仍有很多领域和现象，科学还无法做出强有力的解释。不管是宏观宇宙，还是微观夸克，从物理世界到精神世界乃至心灵世界，在以求真精神探索宇宙万物的过程中，人们必须对未知领域时刻保持警醒。若将未知当成已知，那么求真精神即无法提供科学高歌猛进的动力，所以孔子说，"知之为知之，不知为不知，是知也"（《论语·为政》）。按照钱穆先生的解释，"故人类知识最正当与最可贵之处，正在其同时知有所不知"，"知与不知之谨严分别，此亦科学精神之主要一项目"。① 只有"知有所不知"，才能勤勉且奋进。

孔子治学精确严谨。子曰："夏礼吾能言之，杞不足征也。殷礼吾能言之，宋不足征也。文献不足故也。足，则吾能征之矣。"（《论语·八佾》）孔子说："夏礼我能够阐明，但夏的后代杞国不足为证。殷礼我能够阐明，但殷的后代宋国不足为证。这是因为杞国、宋国两国的典籍和贤人不足的缘故。若有足够的典籍和贤人，那我就能引以为证了。"孔子博学多闻，好古敏求，虽然能举一反三、推一合十推演杞、宋之礼，但孔子仍持严谨之态度。若要世人皆明其意，皆信其说，若无确凿之证据，虽能言而不言，唯有憾叹文献之不足，也不可急求而至。可见，"知识的问题是一个科学问题，来不得半点的虚伪和骄傲，决定地需要的倒是其反面——诚实和谦逊的态度"。② 孔子说"盖有不知而作之者，我无是也"（《论语·述而》）。其意思是"大概有一种无知却凭空造作的人吧，我没有这种毛病"。孔子立言明道，崇尚谨笃，绝非"不知而作"，因为"吾犹及史之阙文也"（《论语·卫灵公》），即"我还能看到史书存疑的地方"。史书存疑，就是古代史官修史时，有疑则阙，遇到有存疑

---

① 钱穆：《中国文化与科学》，台北：三民书局，1969年版，第121页。
② 毛泽东：《毛泽东选集》（第1卷），北京：人民出版社，1991年版，第287页。

而空缺的文字,自己不妄自增益。这是一种严谨的治史态度:重史料、重证据,有几分材料说几分话。

孔子教导弟子也须秉持严谨的态度。教导子张"多闻阙疑,慎言其余,则寡尤。多见阙殆,慎行其余,则寡悔"(《论语·为政》)。多听别人说话,有怀疑的地方加以保留,知道的也要谨慎言之,这样就能少犯过错。多看别人行事,让自己不安的事情先放一旁,可确定的事情也要谨慎实行,这样便少生悔恨。教育子路,"君子于其所不知,盖阙如也。……君子于其言,无所苟而已矣"(《论语·子路》)。君子对于他所不知道的事,应该采取存疑的态度。……君子对自己要说的话,一点都不能马虎。严格准确的分析精神,要求在科学研究中不能犯以偏概全和绝对化的错误。因为真理发展过程是绝对真理和相对真理的统一,受认识发展阶段的限制,"真理和谬误,正如一切在两极对立中运动的逻辑范畴一样,只是在非常有限的领域内才具有绝对的意义"。[①] 一旦超出了这个领域,"对立的两极都向自己的对立面转化,真理变成谬误,谬误变成真理"。[②] 因此,严格准确的分析精神,实乃科学精神所不可或缺的。

(八)"以德摄知"的文化传统培育科学伦理精神

传统文化和科学都涵盖真、善、美三个领域,但本质上以儒学为核心的传统文化追求的是以"仁"为核心的善的哲学;而求真在科学的价值取向中具有基础性的地位。前者所求之善以科学之真为前提之一,这被总结为"以德摄知"的传统。[③]"以德摄知",并不意味着对知识和科学的弱化,相反,将科学置于道德的视野中,表明了对科学的重视,一定程度上有利于科学的发展和科学精神的培育。"子贡问为仁。子曰:'工欲善其事,必先利其器。居

---

① 〔德〕马克思,恩格斯:《马克思恩格斯选集》(第3卷),北京:人民出版社,2012年版,第467页。
② 〔德〕马克思,恩格斯:《马克思恩格斯选集》(第3卷),北京:人民出版社,2012年版,第467-468页。
③ 马来平:《儒学与科学》,《人民日报》,2014年7月18日。

是邦也,事其大夫之贤者,友其士之仁者.'"(《论语·卫灵公》)孔子提出"未知,焉得仁"(《论语·公冶长》),"仁者安仁,知者利仁"(《论语·里仁》),把"知"视为"仁"的手段,视"仁"作为"知"的目的。子夏说:"博学而笃志,切问而近思,仁在其中矣"(《论语·子张》)。可见,"仁"是存在于"知"中的,在一定意义上也可以说"知"就是"仁"。孔子说"知者不惑"(《论语·子罕》),知者作为拥有知识的群体,其科学精神也应最为显著。这一群体,只有在"仁"的指导下,才能使科学不入歧途,因为"以约失之者鲜矣"(《论语·里仁》)。若没有"仁",就可能出现"知及之,仁不能守之,虽得之,必失之"(《论语·卫灵公》)的情形。没有"仁"的精神贯于其中的知识,不能发挥安抚百姓、国计民生的需要,往往会出现"百姓不足,君孰与足"(《论语·颜渊》)的情形。因此,"以德摄知",科学的工具理性和价值理性才能和谐发展,并行不悖。

儒学思想作为科学发展的文化背景,实际上已渗透到科学的内部,因此,"以德摄知"自是不可避免。"以德摄知"不仅为科学发展提供了一定的理论基础,而且提高了科学研究人员的精神文化素质。"良知、道德的动机在本质上即要求知识作为传达的一种工具","儒家表现道德动机,要想贯彻其内在目的,都得要求科学、肯定科学"。[①]孔子赞同"人而无恒,不可以作巫医"(《论语·子路》),人们把医术称之为"仁术",能够体现出"爱之道",故有"医儒同道"之说。这就很容易理解为什么封建社会知识分子"学而优则仕"(《论语·子张》)不成,便会发出"不为良相,当为良医"的喟叹。历史上,儒者入医的事例并不少见,如张介宾、李时珍;儒者精通医学的更是屡见不鲜,如王安石、苏轼、沈括、朱熹等。《论语》中孔子认为有恒志者入医,提高了医者的意志品质和道德修养,提高了医者的文化素质和人文修养,实际上有利于古代医学的发展。

厚德载物,以宽厚的道德来承载万事万物,既强调天地人之间的和谐统一,也突出人与人之间的和睦相处。就人与自然而言,人类要顺应、效法自

---

① 郑家栋:《牟宗三新儒学论著辑要》,北京:中国广播电视出版社,1992年版,第14-16页。

然法则,"道法自然",实现万物生长。孔子主张"弋不射宿";孟子主张要在适宜的季节伐木,不能妨害树木的正常生长;荀子反对在鱼类繁衍的时节捕鱼。这种反对"焚林以猎""竭泽而渔"的做法,都是强调做事要维护大自然的和谐,维护生态平衡,不能仅仅以"人的尺度"作为唯一出发点,还有尊重"物的尺度"。

总之,时过境迁,沧海桑田,以《论语》为代表的传统文化的生成年代与今天有天壤之别,但《论语》"乃属一种通义,不受时限,通于古今",①传统文化对于今天培育科学精神仍然具有重要的指导意义。诚然,传统文化中关乎科学精神的元素和思想,属于科学精神的萌发状态,但是,在以儒学为官方意识形态和文化氛围的社会背景下,传统文化中那些透显着科学精神的人文精神,一方面以价值观的形式影响着科学家的科学研究动机,以"民为邦本""造福天下""践行仁孝"的形式存在;另一方面,传统文化中包含的自然科学知识,为科学家提供了最初的知识启蒙,成为科学家进行科学研究的知识基础,甚至是专业知识的先导。《论语》提出了文化的接替规律,"殷因于夏礼,所损益,可知也;周因于殷礼,所损益,可知也;其或继周者,虽百世,可知也"(《论语·为政》)。"礼"之演进,既然承袭于前人,于今则必有损益。鉴往而知来,一种思想亦需随时代主题变化而变化,有所摒弃、继承和超越。今天,我们在传承优秀传统文化人文精神的同时,亦需以另一种思路和视角,深入挖掘传统文化中蕴含的丰富的科学精神,为当今之世所用。

三、传统文化中的致思方式和研究方法与科学精神相契合

科学精神作为先进文化的重要组成部分,是文明社会的价值追求,也是

---

① 钱穆:《论语新解》,北京:九州出版社,2011年版,第3页。

检验一个社会是否具有现代性的一个重要标志。反观传统文化中，存在大量与科学精神相契合的知识、思想、思维方式、研究方法等因素，在科学精神培育过程中能够起到积极的渗透和转化作用。

（一）自然国学知识与科学理论成果至今仍有借鉴意义

中国古代科学尽管不同于西方近代科学，但毕竟包含有促成近代科学产生的因子，不可否认也对近代科学的产生做出了巨大贡献。儒家经典著作中的科技著作，包含大量科技知识，如《周礼》中的《考工记》，记载了大量先秦时期的官营手工业的生产技术、工艺规范和美术资料，记述了当时的工种设计规范和管理营建制度，能够反映出当时人们对待手工技术的思想观念。这部著作不仅在科技史、工艺美术史上占有一席之地，在整个文化史上也是数一数二的。

《尚书》中的《尧典》，记述了尧命令属下，通过推演日月星辰的运行规律，制定历法，确立了春分、夏至、秋分、冬至的时令、节气，让人们据此进行播种、繁衍生命、休养生息。《尚书》中的《禹贡》，将中国划分成九州，对每一州的自然风貌和人文地理，如山川地形河流、土壤植被物产、贡品交通贡道、少数民族等都进行了描述，是记录当时地理范围和地理知识最古老、最系统的著作。《大戴礼记》中的《夏小正》，是一部最早的记录汉族农事的历书，书中关于农业生产的内容，如树木栽培、动物饲养、农作物种植、畜牧渔猎等，是研究上古时期农业和科学技术的重要文献。《小戴礼记》中的《月令》，体现了遵循自然之节令以安排农事生产、人事活动。其他著作中关于日食、月食、彗星等天文现象的记载，也是不胜枚举。以天文历法为例，我国古代天文学家对天象观测的记录是非常翔实的，史籍上对哈雷彗星的出现都有详细记载，从春秋时期到1910年共出现31次。其他儒家经典著作中，也透显出丰富的科学知识，例如《论语》中就包含有非常丰富的自然科学知识。

后人如郦道元著述的《水经注》，开创了以水道来记述地理的崭新形式。

书中记载了大量的自然地理知识,记载大小河流千余条,涉及河流的发端、干流、支流、入海等情况;记载的湖泊、沼泽、瀑布、泉水等不计其数;详细地记载了高地、低地的各种风貌;所涉植物品种和动物种类均百种有余;对各种自然灾害进行了分门别类的记载。在人文地理方面,记载了政区建置,所涉县级城市和城邑将近三千座,还包括古都和小规模的聚落;对桥梁和津渡等交通地理、农田水利工程、屯田耕作制度、矿物、要塞都有详细生动的记载。除此之外,还包括对历史遗迹、民间传说、歌谣谚语、人物典故的记叙,是一部非常全面、系统的地理学经典著作。

贾思勰的《齐民要术》,记载了黄河下游地区的农业生产技术,如抗旱保墒、选育良种、植物生长、家畜养殖、食品制作与保存、饮食烹饪等,还包括对农业生产经济效益的分析,是一部综合性的、百科全书式的农学著作。其他著作如李时珍的《本草纲目》、宋应星的《天工开物》、徐光启的《农政全书》、徐霞客的《徐霞客游记》、吴又可的《瘟疫论》等著作,都凝聚着先人"经世致用"的治学理念,能够为现代的科技创新提供思想启迪和借鉴意义,经过创新和现代转化,可以为科学的发展和科学精神的培育,做出更大的贡献。

(二)传统文化致思方式与科学精神并不违背

传统文化的思维方式与科学思维方式可以相互补充。就近代西方科学而言,遵循原子论的原理,在整体中侧重对部分、局部、个体的探究,如西医就是以原子论为基础,针对具体病菌研制了无数的抗生素。这种思维方式可称之为"画龙点睛",先总体铺垫,然后具体精微。而传统文化的致思方式,侧重于由点及面,往往从一个侧面而做出整体阐发和感悟,这好比"点睛画龙",局部铺设再做总体布局。这种思维方式,与科学的思维方式并不矛盾,甚至对其有所启发。

1. 变革与创新思维

《易经》中的"与时偕行""革故鼎新""一阖一辟谓之变,往来无穷谓之通"，《大学》中的"苟日新，日日新，又日新"都是对变革精神的生动写照，表现为一种积极进取、刚健有为的人生观。道家哲学主张事物的变化并没有既定的轨迹和预设的答案，答案和意义存在于不确定性和可能性中。"有物混成，先天地生"，事物从"混沌"的状态中产生，有自无生，最后又复归于万物。"道之为物，惟恍惟惚。惚兮恍兮，其中有象；恍兮惚兮，其中有物。""象"和"物"都存在于"无"中，"无"就是一种"无状之状，无物之象"的不确定的可能性状态。道家思想形成的宇宙观，就是不应拘泥于"既定""已定"，而是要从各种可能性中创造出一条新路，在千变万化的不确定性和无穷无尽的可能性中，进行创造和创新。《论语》中的"譬如平地，虽覆一篑，进，吾往也"，强调一种焕发着生机和活力的变革和进取精神。

创新思维能够体现在"有无相生""无中生有"的思维方式中。老子说"三十辐共一毂，当其无，有车之用。埏埴以为器，当其无，有器之用。凿户牖以为室，当其无，有室之用。故有之以为利，无之以为用。"器物本身的存在，提供了便利条件，但是"无"的部分，才使器物发挥了它应有的作用。有无相生的思想，显示出传统文化的深厚智慧。人要有博大胸怀，才能有容乃大。包容、宽厚的心胸和智慧，是传统文化"厚德载物"对人的品性、品格的要求。就科学研究而言，这种思维方式，有助于培养科学宽容精神。

2. 辩证思维

郭店楚墓出土的竹简中的《太一生水》篇，从"太一"出发，以"反辅""相辅"的作用机理，阐释了辩证、互动的宇宙生成论。由"太一生水"开始，成天，成地，成神明，成阴阳，成寒热，成湿燥，来说明任何被创造出来的物质，并不是死气沉沉的完全被动的，而是具有自觉的能动性，是能够"反辅"其作用者。并且，主动者和受动者在对立的同时，还相互依存，通过"相辅"以成他物。

由"太一生水"出发，可以引申出传统文化中关于宇宙生成的两种辩证观点,即"派生"和"化生"。"派生"是从"大"的物质中演化出"小"的物质,不断具体、分化,典型如"太极生两仪,两仪生四象,四象生八卦"。而所谓"化生",是指在宇宙生成的背后,有一特定的"本体",它变化为、或体现为各种具体的物质,"化生"之后,"本体"不独立存在,而是化于、藏于具体所化成事物之中,过程即如"太一生水","太一"成为"万物之母"。

传统文化中的量词杂多,量词和数词一起作为一种认识世界的思维方式,"数量"是将抽象的数与具体的物相结合。而量词的使用,反映出国人在抽象的同时,并没有忘记具体。对象不同,则量词不同,或者对象不同,量词相同。甚至量词相同,但阐释具体事物时,内涵又不同。如"引"的计量单位,传统文化中"引"在计量茶叶时,则一引茶叶为 120 斤,计量盐时,则一引盐为 200 斤。

辩证的思想还涉及"阴阳"的思想。阴阳涉及传统文化中的方方面面,它既可以是自然界中的自然现象,也可以是社会层面的行为准则,甚至可以是宇宙层面的世界观。阴阳最初作为自然现象而存在,就天地而言,指的是"晴天""阴天","向阳""向阴"。后来阴阳又演化为"气",上升到"气"的层面,就不是在静止的层面上来认识世界,而是在运动中参悟世界。并且,阴阳指气,由具体的气,上升为统领天地万物的纲领性的气。如"阴、阳、风、雨、晦、明",这种气,不是具体的气,而是概括性的。

就阴阳与人的行为而言,阴阳规定了人的行为,而人的行为要顺应阴阳,但这种顺应又不是完全被动的,人的行为对阴阳具有能动的反作用。阴阳如果"过其序",则是因为"民乱之",像地震、暴风雨等凶象,原因之一则可能是暴君的倒行逆施。天象因人的行为而显现,人又能从天象中把握讯息,因为圣人能够"因而成之",解释天象与人的关系。实际上,国君的权力无以制约,对阴阳的解释,是圣人借阴阳之托词,以实现以己之力无法实现目标的权术而已。

传统文化中,小到具体观点,大到各家各派,辩证的观点一直贯穿在中国思想文化史中。以儒道而言,儒家诸多观点是进行思想上的建构,为时代建立立身行道的标准;而道家往往是解构和消解性的。如在对待"名"的问题上,儒家主张"正名",要名正、言顺、事成;道家主张"无名",名可名,非常名。在对待"言、象、意"的关系上,儒家要"系辞以尽言""立象以尽意";而道家主张"得意忘言"。儒道两家的辩证思想,无关对错。儒家建立的文化标准和时代标准,愈演愈烈,渗透到社会的方方面面,逐渐成为社会的桎梏和枷锁。道家思想的消解性的"破"的作用,往往起到了"解蔽"的解放的作用。当然,要更全面地理解这种辩证思想,应把其放在整个思想文化史中来考察和把握。

3. 演绎联想

传统文化蕴含的"一分为三"的原则,最早可追溯到《周易》,八卦中的每一卦都由三画组成,三三组成,循环往复,至于无穷,故"太极元气,函三而一"。"阴阳三合""三生万物""三位一体"也是基于"一分为三"的道理。老子说:"道生一,一生二,二生三,三生万物",其依据在于两种不同的事物相遇,产生了区别于前者的第三种物质。天地间,"赞天地之化育,与天地参"则必须有人的参与,天、地、人三者才能构成世界。这种"三生万物"的事物生成法则,作用于思维方式,即"过犹不及""执两用中"。"中"并不是从两个极端予以折中、取中间值,而是在对事物深刻把握的基础上,对由两个旧事物得以产生出来的新事物的把握,这也是求新、求变、求异、创新精神的体现。"求其中道"的最高理想就是儒家倡导的"极高明而道中庸"。

《中庸》第二十二章关于"至诚、尽性、赞天地化育、与天地参"的论述,从表面看来,这种直觉的、体悟的思维方式是模糊的,但模糊性也是丰富的。中国的很多哲学家,都有着严谨的逻辑推理能力,因为从感性进入知性,进而到理性,还要上升到悟性,这其中除了有个人的主观感受和精神磨炼之外,必定包含严格的理性。《大学》中"古之欲明明德于天下者,先治其国；……国治而后天下平。"这其中有逻辑推理，但推理是否严密，值得深究商榷。这种推理是建立在"良德"的基础之上，未看到个人、家庭、国家之间的冲突，所以这种个体道德修为决定国家、政治是否昌明的判断，未必被完全认可，而且因不完全符合实际的政治运作方式而被诟病，因道德典范未必能胜任得了高官重位，断得了政治事务。从其本质而言，是将"私德"扩大到"公德"领域，建立在理想化人格基础之上的公私领域的混淆。在《孟子·梁惠王上》中，孟子曰："老吾老以及人之老，……不推恩无以保妻子。"孟子用"推"来描述这一过程。马克思总结人的本质为"一切社会关系的总和"，每个人作为一个独特的活生生的个体，由"五伦"人际关系推己及人，从而处于复杂的社会关系中。作为一个完整人格的人，需要超越的不仅仅是自私的小我、亲属关系、狭隘民族主义，甚至要超越人类中心主义，达致"天人合一"的天地境界。从"小我"成就"大我"，亲亲仁民爱物，民胞物与，己、家、国、天下浑然一体，从齐家以个体修为，到"达则兼济天下"以治国，并非不可想象。

社会科学和自然科学各具有独特的研究方法和思维方式，但是在整体上又有所渗透和交叉，这就决定了任何一种领域的研究方法和思维方式，对他者都具有启示和借鉴作用。在追求真、善、美层面，求真要求形式上的精确、内容上的确定、逻辑的融贯。致善则是运用价值观进行分析认识、判断的过程。审美则是形象感受和心灵领悟的问题。社会科学的致善和审美，对自然科学具有启示和阐发作用，如"阴阳""场"的概念对物理学家的启示，"治大国若烹小鲜"对"度"的合理性把握的要求。

（三）传统文化研究方法与科学研究方法相契合

《大学》中的"止于至善"，作为社会理想的道德境界和个人最高的价值目标，贯穿于民族的一切活动中，自然也包括科学活动。古人的科学求真活动，在思想观念和实践活动中，均是要把对"真"的获取，用在对"善"的滋养上。孔子强调乐学,知之、好之,不如乐之。孟子强调为学之道只有"资之深才能左右逢源"。荀子说"君子之学也以美其身",周敦颐明确了学习与求善的关系:学习圣人之道,要入耳存心,蕴之为德行,行之为事业。在科学实践活动中,农学家、医药学家更是因致善而求真,虽然科学家的科学研究动机不尽相同,有为国家者,有为父母者,甚至为己者,但是本质上都是在追求致善。在大的方面,善成为民族性格的体现,成为伦理文化的核心理念,在小的方面,善又体现在每个人日常的修身中,成为考量个人道德、理想的衡量因素。

修身齐家治国平天下,整体主义使中华民族具有顾全大局的美德,这种思维方式恰恰和西方的原子论相反,不是从部分中看到整体。整体主义思维方式在传统文化中的很多方面均有呈现,譬如庄子讲"天地与我并生,万物与我为一"。中医中把人体与四季星辰相联系,辨证施治,全面考虑,反对"头痛医头,脚痛医脚"。军事领域中两军作战首先考虑的是保全自身部队的完整性,"百战百胜非善之善者也,不战而驱人之兵,善之善者也",歼敌一千而自伤八百,非用兵之上策。在伦理领域,家国天下,夙夜在公,都是整体主义思维方式的体现。

整体主义把握事物的本质和规律,往往诉诸直觉体验,夸大内心感悟。如道家老子讲"不窥牖,见天道",《庄子·秋水》篇反对"以管窥天,以锥指地"的认识方式,孟子强调"尽心知性则知天",荀子认为人只有"解蔽"才能达到大清明,先秦诸子均强调内心对事物的感悟和认识。整体主义思维满足于直观,虽有一定的事实依据,但并非建立在逻辑思维的基础上,因而可靠性并不高,不能贸然应用于科学研究,并且一旦超出了经验感知的范围,往往走向神秘不可知论。所以,传统文化的这种思维方式必须经过改造,祛除对科学研究起消极影响的方面,把握其中的有利因素,以这种有利因素作为连结和桥梁,能够实现传统文化与科学文化的融合,为科学精神的培育提供良好的文化环境。

　　整体主义使得中国的知识论把知识在本质上看成整体的,并将诸多学科知识均看成统一整体的组成部分,并且整体主义使得知识从未脱离过实践论的范畴,这种知识观建立在广泛的、长期的文化历史经验之上,完全具有再发展将科学囊括其中的可能性,实现科学与人文在觉解与互动基础上的融合。

第六章　传统文化视阈下科学精神培育路径

　　理论层面上对科学精神重要性的探讨,为更好地培育科学精神提供了先导,但科学精神的培育工作必须落实到实践层面,这既可以检验理论研究之不足,也使科学精神培育不流于口头和形式。中国传统科学技术曾长期居于世界之先,传统文化中对科学的独到见解,以及传统文化中至今仍有借鉴价值的思想文化元素,为科学精神培育提供了丰富资源。时至今日,国人对科学的认识不乏肤浅和混乱成分,对科学精神培育的重要性认识尚有不足,在实践中把科学精神当作现代文化、精神文明、思维方式来运用、建设、弘扬、发展更是任重道远。传统文化视阈下培育科学精神,要在一个广阔的领域和多个层面开展,要从观念、实践、学术、制度等方面,既使科学精神成为国人日常生活中对知识和技术的追求和热爱,也使科学精神成为认识和判断事物、分析和解决问题的科学方法,更使科学精神成为反对蒙昧无知、崇尚理性尺度的科学思想,同时使科学精神成为国家富强、民族复兴的精神动力和力量源泉,发挥科学精神直达本真、启人心智的本质和功能,使科学精神在中国大地上落地生根、开花结果。

一、传统文化与科学精神观念层面的培育

　　科学精神观念层面的培育主要是培育社会大众科学精神的意识,这种

意识状态能够反映出民众在潜意识里对待科学的热情度、对科学发展的参与度、对政府政策的支持度等方面。要在全社会培育和践行科学精神,前提就是提高公民的科学意识水平,这并非朝夕之事,需要花大力气去做。

(一)"由艺臻道"与视科学精神为"安身立命"的第一需要

"科学"是一个广义的概念,涵盖自然、社会、思维等各领域,是经过实践检验和严密逻辑论证,关于世界本质及规律的系统知识。科学既可以是解释世界的认识活动,以纯粹理性为指导,以获得真理为最高目的,我们称之为理论科学或纯粹科学;也可以是改造世界的技术活动,以实用理性为指导,关注如何将人类掌握的知识作用于客观世界,可称之为实用科学或技术科学。科学虽有其自身独特的发展规律,但深受国家主流意识形态的影响。中国学术一直有很强的为现实政治服务的色彩,百家争鸣时期,虽派别纷呈,言论自由,但大多也是对天下走势著书立说。先秦之后,经由罢黜百家、独尊儒术,学术为政治服务的色彩更加浓郁。"劳力者"尽管天天同工具技艺打交道,但囿于知识水平,心思全在眼前实用,根本不去"求真"以探究规律。就算偶有心得,也难以形成系统化的理论并推而广之。天文历法的实用要求,又使数学朝着算术的方向发展,数学没有成为国人的一种思维方式,在建立逻辑思维方面发挥的作用有限。传统经典《九章算术》包含 246 个应用题,都是生产生活中的实际问题。中国人引以为豪的四大发明是技术而非科学。中国很早就发现了磁现象,发明了指南针,却用于看风水、测方位,无人揭晓其蕴涵的自动控制原理;西方引入了指南针后,通过科学探究,发现了电磁互换原理,进而发明了电动机、电话、电灯等一系列电器。

因此,培育科学精神,首先要扬弃传统文化中过分倚重"实用理性"的技术传统,处理好"道"与"艺"的关系问题。就"道""艺"的关系而言,体现在两个方面,首先是"由艺臻道",就"六艺"而言,"六艺"涵盖了生活中的各种技能和实践中的各种技艺,我们在生活中利用了技艺并享受到了技艺带来的各种福利，但是不能仅仅满足于"艺"带来的充盈丰富的物质生活，更要发挥"艺"带来的行道、明道、传道的修身养性作用，因此，"由艺臻道"自然不可避免。其次，在"下学上达"的同时，发挥"道"对技艺的指导和引领作用，从理念和价值观上保证"艺"更好地发挥充盈精神世界的作用，调试人的行为，更好地达致个人自我身心的和谐、人与自然的和谐、人与人的和谐。所以，精神世界的"道"的层面，必然包括各种技艺背后蕴含的科学精神。

传统文化对待科学技术经历了一个变化的过程。最初视科学为"雕虫小技"，将科学基本等同于"技艺"，加剧了科学的工具理性，实际上科学仍是处于"形而下"的境况中。明末清初实验科学传入之后，不得不说对以儒学为主导的科学技术观是有冲击作用的，科学上升到"道"的组成部分，具有了"形而上"的价值。"由艺臻道"标志着科学地位的提升和科学精神的显现。今天借鉴传统文化来培育科学精神，抛却功利性的求真，倡导科学的玄思冥想，树立重视科学、崇尚科学的世界观对于扭转科学的技术理性，仍是大有裨益的。

运用传统文化中关于"道"的思想来培育科学精神，就是要在个人的主观世界中，把科学精神作为安身立命的第一需要，主旨是要树立科学的世界观。世界观能透露出人们对世界、人生、事物的认知态度。世界观并不是一成不变的，世界观的形成、变化往往与人生经历、社会的科学发展程度有重大关系。尽管每个人的人生经历、社会科技水平有其特殊性，但是不乏具有全局意义的根本问题，是需要人类共同面对的。如宇宙的产生、生命的起源与本质、疾病的机理、天灾人祸的成因等，人们对这些问题的看法不同，世界观的面貌自然会不一样。这些问题，有些科学已经做出了解释，有的正在解决，有的尚未解决但指明了方向，有的还处于迷雾当中。科学要发挥效力，发挥出社会功能，一是需要转化为技术，体现在一个社会的生产力发展水平高低上，一是以哲学作为媒介，发挥其精神功能。科学发挥社会功能离不开最基本的科学知识和科学技术，诚然知识和技术是抵御封建迷信的有力武器,但是知识和技术的功效并不是全面和彻底的,需要一种稳定的思维方式和精神状态,也就是需要把科学知识上升到正确的世界观和方法论相统一的高度,即哲学的高度,这才能成为人类精神世界最重要的东西。

只有透过具体知识和技术,把科学的基本观点、原则、立场讲明白、讲透彻,把其中蕴含的科学精神讲清楚,如何运用科学精神防御伪科学和封建迷信的侵袭,有利于人们树立唯物主义世界观。而树立了科学的世界观,再去认识宇宙天体、生命意义、生老病死等问题,往往因其科学精神而更理性和坦然,而不是单纯诉诸知识和技术去解决问题。把科学精神提升到安身立命的第一需要,就能自觉主动地运用科学精神来思想祛魅。其中,衣食住行、生老病死,生活中的种种不如意,不通过求神问佛的方式来排解苦闷,对打着科学外衣的"伪科学"和包治百病的灵丹妙药,以及要求人们无条件相信、不容半点怀疑的封建迷信,甚至对于各种被宣传的大有用处的技艺,科学精神能给人们提供一种理性、豁达的人生态度,一种扎实、稳健的生活方式,这样就不会被神秘主义所迷惑,而这又促使主体更加笃定科学精神的思维方式,从而形成了一种良性循环。

(二)"以道统艺"与树立正确的科技观

若从"道"与"艺"的层面将传统文化的内容进行区分,那么技艺层面的传统文化主要涵盖衣食住行、休闲、娱乐、养生等方面,譬如服饰文化、饮食文化、园林建筑、交通工具、舞蹈戏剧、武术健身、中医理论等。而"道"的层面则是世界观、本体论、价值观等方面,具体又体现为忠孝、仁义、礼仪、君子型人格、爱国主义等方面。优秀传统文化是历史性和时代性、继承性和开放性、实践属性和精神内涵的有机统一,其中,中华民族精神是优秀传统文化的集中体现。优秀传统文化主要侧重于思想层面的文化,诚然,器物文化和制度文化中的卓越工艺和精粹思想也属于优秀传统文化的范畴,但是,把握优秀传统文化的内涵是透过工艺和精粹,去把握背后透显出来的思维方式、价值观和审美观,更着重于无形的"道"对有形的"器"的指导,更强调无形的精神财富。

科学活动作为一种智力创新型活动,"推动人去从事活动的一切,都要通过人的头脑"。[①] 中国人形成了向内用力的人生,而对外物,易停留在表面。科学在人类生命中之根据是理智,而道德在人类生命中之根据则是理性。道德与科学不冲突,理性与理智更无悖,然理性早启却掩蔽了理智而不得申。[②] "实用理性"文化心理结构,导致传统文化中"学"与"术"不分。实质上,"学"是"求是",是观察事物获得理性认识;"术"是"致用",是将理性认识作用于具体事物。统治阶级为维护统治而实行的"愚民"政策,"常使民无知无欲",因为"好智则多诈,多诈则巧法令,以是为非,以非为是"。就科学发展而言,正是"好智"的求知欲,推动科学不断进步。并且,统治阶级和被统治阶级之间界限森严,儒家对待科技,深信"致远恐泥,君子不为"。儒家"六艺"治学,但重点在经史而非数学。道家对待技艺,"民多利器,国家滋昏;人多伎巧,奇物滋起",主张"绝圣弃智""绝巧弃利",认为"有机械者必有机事,有机事者必有机心。……道之所不载也"。诸子百家中,墨学包含非常丰富的光学、力学、几何学知识,但墨家的中绝,墨家所蕴含的科学精神也没能在中国传统文化中发扬光大下去。科学技术或被斥为"雕虫小技"难登大雅之堂,或被视为"屠龙之术"无用武之地。

明朝著名的律学家、音乐家朱载堉,创建了世界上最早的"十二平均律"。朱载堉将其理论著述《律吕精义》《律学新说》等若干卷进贡于朝廷,对于满朝文武来说,钟鼓琴瑟也足够赏用,对于这种尚未实用的科学理论根本没什么兴趣,被当作废纸搁置史馆,无人问津。百年之后,清高宗还发动了一场对朱载堉科学理论的谩骂和斥责,称其"非有义理也,特借勾股之名欺人耳","文饰其词,而并不顾显谬也",将其理论斥之为"臆说",并撕毁了朱

① 〔德〕马克思,恩格斯:《马克思恩格斯选集》(第4卷),北京:人民出版社,2012年版,第238页。
② 梁漱溟:《中国文化要义》,上海:上海人民出版社,2011年版,第277页。

载堉的著述纲目《上神宗表》。然"十二平均律"传到了欧洲,引起了物理学家、声学家的巨大轰动,解决了音乐史上困扰人们千年之久的难题,巴赫据此制造出了世界上第一架钢琴。

所以,就"道""艺"的关系而言,在"有艺臻道"的同时,还必须"以道统艺"。而"道本艺末",是就"道"与"艺"的关系而言,"艺"较之于"道"处于"末"的位置,但并不代表"艺"的可有可无,实际上,传统文化中关于技艺的一些观点,世人存在很大的误解,要使传统文化成为培育科学精神的文化沃土,就必须对这些观点纠偏补漏,正本清源。

一提到传统文化轻视科技,首先想到的是"奇技淫巧"一说,流传甚广,人尽知之。这涉及对"淫巧"的定位,是不是一切技术都属于"淫巧"?实际上,"淫巧"是指华而不实、炫耀技艺、仅仅供少数人享用的、无益于民生的技艺。反对"奇技淫巧"是反对那些供人耳目之娱的"淫巧",而不排斥用于农事生产的技术。墨家在反"淫巧"方面比较极致,因为墨家反对厚葬。而儒家相对宽容一些,因儒家讲究繁文缛节的礼仪,自然认为像宫殿的装饰、音乐的华美还是有必要的。并且,传统建筑艺术中,如梁上短柱、屋顶的雕刻、装饰等,也是文化的一部分,遗留下来的古建筑,也成为今人了解先人风土人情、生活风貌的重要资源。

传统文化中的方技,最早是起源于巫术。传统文化中对技艺的记载,最早见于官修史书《汉书·艺文志》,将其称之为方技,技亦做伎,"方技者,皆生生之具,王官之一守也",主要指医药、占卜、星相、养生之类的技术。到宋朝时,方技的范围扩大,还包括建筑、佛道之学等方面。方技之人在社会上的地位也是日益提高,如《三国志·魏书·方技传》中记载的朱建平,因"善相术……太祖为魏公,闻之,召为郎"。唐朝时,方技之人越来越受到重视,如当时的贝州武城人崔善为,因好学务实,且通晓天文历算,为时人敬重,并在朝廷中担任要职。宋朝时,方技之人的社会地位不断提高,待遇大为改善,如《宋史·方技传》中记载的王处讷,因深谙星历、占卜之学,官位亨通,担任司天监事一职。而当时的楚芝兰,则担任翰林天文的要职。

只有通过技艺本身而透显出背后蕴藏的科学精神,才能树立正确的科技观。元统一中国之后,将各族人民分成了不同的等级,又把社会职业等成十等,官、吏、僧、道、医、工、猎、匠、儒、丐。就儒、医的地位来言,医在儒之前,而就当时的官员选拔机制而言,医生有机会随时进仕。传统文化中也强调了若君子之士掌握科学技术,定会大有作为。如《新唐书·方技列传》中:"凡推步、卜、相、医、巧,皆技也。能以技自显地一世,亦悟之天,非积习致然。然士君子能之,则不迁,不泥,不矜,不神;小人能之,则迁而入诸拘碍,泥而弗通大方,矜以夸众,神以诬人,故前圣不以为教,盖吝之也。"这里并无轻视科技的意味,而是主张君子之人、饱学之士更应掌握科技,造福天下。至于《论语》中孔子反对樊迟问稼穑一事,更不能用来作为儒家反对科技的论据,上文已对此阐释,兹不赘述。

"以道统艺"以树立正确的科学发展观来培育科学精神,首先,要树立优先发展先进科技的理念。"物竞天择,适者生存"的法则,要求我们必须发展高新科学技术,如对能源技术、航空技术、电子技术、新材料技术等的研究和开发,加大研究力度和投入额度,发挥科学实证精神,加快技术向生产力的转化速度。其次,科技发展要保持稳健的步伐,即要适度。不能在条件不成熟的时候,单纯认为科学无禁区而盲目蛮干,要发挥科学的理性精神统筹安排。要充分认识到科学在提高人类实践能力的同时,还不可避免地会造成灾难,甚至是灭顶之灾。再次,要树立科学与生态、资源、环境协调发展的观念。人类征服自然的过程中,不断与环境进行物质、信息、能量的交换,这极大地提高了人类的实践能力,但是,若不能恪守科学伦理精神,片面追求人类自身的利益,必然导致人与自然关系的失衡,表现为生态破坏、资源枯竭、环境污染等问题。人类必须秉持科学精神,实现物质文明与生态文明、科技发展与生态协调的科学发展观。最后,要树立科技发展与人文并进的原则。不能将科技的进步建立在道德败坏、人心涣散的基础之上,科技发展的最终目的是为实现人类的自由发展和长久幸福,而不是导致人的"异化"。科技的发展应有利于社会伦理道德问题的解决和生命敬畏意识的增强。总之,通过树立正确的科技观,在科技发展的过程中,有所侧重地培养科学的思维方式和科学精神的特定内容。

(三)"内圣外王"与重塑"德""知"关系

中国古代知识分子由"内圣"进而追求"外王",儒家伦理中心主义背景下,知识分子追求己、家、国、天下浑然一体,以"天人合一"为至高境界。内圣以修身,以一种直觉、内省、体悟的方法,而在外部世界上,则是看重伦理关系。以当今的科学精神来重塑"内圣外王",则是"内圣"不仅仅是道德修饰,亦应包括科学思维方式的塑造,重视精微深入的分析能力,而在"外王"上,伦理至上不能作为人生全部的着力点,跳出伦常关系而对外部客观世界的关注和探究,也是实现人生价值的应有之义。

"内圣外王","内圣"是手段,"外王"是目的。"内圣"强调一以贯之的道德修为,仁德修身才能实现"达济天下"的"外王"。就手段和目的的关系而言,手段为目的服务,在性质上处于从属地位,其自主性随着目的的需要而改变、扭曲或者扼杀。且手段之价值大小,取决于为目的服务的分量。所以手段较之目的,有轻重从属之分,有本末大小之别。

自然科学的重要性今天已经毋庸置疑,但是在传统文化那里,在"内圣"的支配下,科学是为了培育"德"而服务的。如朱熹认为"存心于一草一木一器用之间"的科学,若脱离了"德",是不会"有所得"的。传统"内圣外王"过分强调对"德"的摄取,对"知"有所忽略。即使认识到"知",也对其有所划分,如张载将知识分为"见闻之知"和"德性之知",显然"德性之知"优先于"见闻之知"这种"小知"。所以才有了"道本艺末"的传统,科技依附于道德,没有取得应有的地位,科学发展脱离了自主性,被社会性所左右。今天培育科学精神,在"内圣"这一层面,就必须重新认识、改造"德"与"知"的关系,既要重"德",还要获"知",注重科学理性的培养,因具备科学知识的人相对而言更容易培育出科学精神。

首先,"知"涵盖社会科学和自然科学,既包括认识自我身心关系、社会关系,也包括认识自然、改造自然、处理人在自然中的地位和关系问题。其次,"知"与"德"并非泾渭分明,"知"可以是"德",即西方意义上的"知识即美德";并且,"知"不仅仅是"德"的手段,"知"也可以成为目的本身,怀有改造世界的美好愿望以求知、献知,使得"求知"成为"德"的目的。再次,传统文化中不乏提倡纯粹求知的思想,如荀子所言:"凡以知,人之性也。可以知,物之理也。以可以知人之性,求可以知物之理,而无所凝止之,则没世穷年不能遍也。"①而像陆九渊所言"若某则不识一个字,亦须还我堂堂地做个人",贬抑知识之观点,实际上是对传统儒学求知精神的偏离。今天培育科学精神,需要深入挖掘、发现传统文化中关于"求知"的言论,改变传统的"内圣外王"观,将"知"统摄到"内圣"中,提高"知"的分量和比重。

传统文化中涉及"内圣外王"的思想,经过合理诠释和创造性转化,是可以为今天培育科学精神提供思想资源的。如对"父子相隐"观点的看法,传统观点认为是以"私德"伤害了"事实之真",妨害了"法理之真"。若能将"相隐"仅仅局限于人情和法理相冲突的范围,并不将其扩大到一切社会领域,并且,在处理这种冲突时,仍以儒家的"仁","老吾老以及人之老,幼吾幼以及人之幼",人有"四心""四端",从一种"大义"的高度,仍能在坚持儒家仁爱思想的前提下,并不妨害遵循真理为上的原则。这种创造性转化和创新性发展的合理阐释,一是要符合儒学本真精神,不能肆意夸大、歪曲,二是符合时代需要,将传统文化中理想性的东西与当前的现实需要结合起来,赋予一种崭新的时代内涵,使传统文化的精神气质与科学精神相一致,朝着有利于培育科学精神的方向转变。

传统文化中的"德""知"关系对于今天培育科学精神启示有二:其一,要

---

① 方勇、李波译注:《荀子》,北京:中华书局,2011年版,第352页。

尊重、重视"知"对于"德"的基础性地位。只有建立在正确知识基础上的"德"，才是符合世界发展规律并代表广大人民群众根本利益的，否则就是虚假的、虚伪的"德"。所以今天培育科学精神的前提是进行科学普及活动，丰富人们的科学知识，在知识储量增长的基础上萌发道德感，提高运用知识分辨是非的能力。其二，要承认、尊重科学知识具有相对独立的发展规律。诚然，"德"与"知"具有价值取向的一致性，重德的目的在于提高人的精神境界和道德水准，其价值旨归在于做一个对社会、国家有用的人；科学知识的求真目的，也在于发挥科学造福人类的目的。可以说，"善"为"真"指明了方向，但是，"善"不是"真"的唯一决定因素，"真"不是"善"的影子要亦步亦趋、如影随形。彻底的求真，要防止或者减少个人因素或者社会因素对知识客观性的侵袭。知识增长点，是科学发展内部规律和社会需要的有机结合，过分强调科学的社会性，急功近利，只能扭曲科学的健康发展之路。所以，培育科学精神，从"内圣外王"得出的启示是：在"内圣"层面要"德""知"兼修，德才兼备，只有建立在正确知识基础上的"德"，才能反过来促进求真活动的发展，而"知"也需要"德"发挥价值观导向作用，谨防知识的滥用、恶用。在求知的基础上，使科学精神在提高个人素质、促进社会进步的"外王"层面发挥积极作用，使崇尚科学精神的社会风气蔚然成风，使科学精神熔铸到新时代的民族精神中，成为时代精神的典范。

（四）"道不遁物"与学习古代科学家的科学探究精神

自强不息的民族性格，无疑会对科学家和思想家的治学之道和为政之道产生重要影响。老子认为，"执一世之法籍，以非传代之俗，譬犹胶柱调瑟"（《文子·五·道德》）。庄子认为"礼义法度者，应时而变者也"（《庄子·外篇·天运》）。韩非主张"世异则事异，事异则备变"（《韩非子·五蠹》）。贾谊在《盐铁论》中提出"明者因时而变，知者随事而制"。司马迁指出，"语曰：'日中则移，月满则亏。'物盛则衰，天地之常数也；进退盈缩，与时变化，圣人之道也"(《史记·范雎蔡泽列传》),进一步强调了"与时偕行"的思想。自强不息的民族精神,也进一步影响到思想家的治学风格。孟子认为,"学问之道无他,求其放心而已矣"(《孟子·告子章句上》)。陆游提出,"古人学问无遗力""绝知此事要躬行"。自强不息的科学探究精神,促使了科技史上灿烂辉煌的科学技术的涌现,以及"道不遁物"的求知传统。

"道不遁物"的科学探究精神,在科技史上一直存在。因为自强不息的民族担当,要求君子型人格的人,若人生设想与现实有偏差,也要"君子求诸己",通过"一日三省吾身"寻找自我原因。因"我欲仁,斯仁至矣",孔子说"有能一日用其力于仁矣乎,我未见力不足者"(《论语·里仁第四》),所以"仁远乎哉"不能成立。若未实现,只能是"不为也,非不能也"(《孟子·梁惠王上》)。荀子主张"制天命而用之"(《荀子·天论》),则人定胜天。朱熹认为一个人只要"实用其力",那么必会通达,"无不可至"(《四书集注》)。王安石认为,"然力足以至焉,于人为可讥,而在己为有悔"(《游褒禅山记》)。一个人只有用力全力、自强不息,才能给人生不留遗憾。王夫之的"圣人之志在胜天",更是强调要积极进取,事在人为,方能有所作为。自强不息作为一种道德理性,在"天下兴亡、匹夫有责"的责任意识传承中,既成为仁人志士克服人生困境的精神激励,成为凝聚国人的自觉的文化形态,也成为科学家不断进行科学探索的精神动力。

中国古代科学的发展出现了三次高峰期,以祖冲之、郦道元、贾思勰等科学家为代表的南北朝为第一时期;以秦九韶、郭守敬、王桢等为代表的宋元时期为第二时期;以李时珍、徐光启、宋应星等为代表的晚明时期为第三时期。若没有强烈的求真精神和"道不遁物"的探究精神,是不会产生如此众多的科学家和不胜枚举的科学巨著。学习李时珍、扁鹊、华佗等科学家的品格的途径之一,可以充分利用科学箴言进行科学精神培育。科学箴言主要是由科学家、哲学家、思想家、政治家、科学史家、科学社会学家、科学哲学家等才华出众的人,基于他们对科学的领悟和洞察,发表的对于科学认识的真知灼见,具有脍炙人口、简洁明快、启人心智、鞭辟入里的特点。科学箴言应成为培育科学精神的重要资源和思想载体。

科学家身上的尊重客观事实、听取不同意见、与对手为友、不畏权威、大胆探索、独立思考、勇于创新、勤奋学习的精神,都是科学精神的显现。科学家身上也有非常明显的淡薄名利的品格,科学研究虽有其自主性,但也不可避免地受到各种社会因素的影响,如名利等,能否保持对科学始终如一的热爱和坚守,很大程度上取决于科学家的价值观。诚然,名利地位能改善科学家的生活条件和实验环境,但是若仅仅为此而进行科学研究,强化其工具性,注定不会走太远。所以,科学家身上对科学全神贯注、淡泊名利、不断探究的品格,应成为科学精神的重要组成部分。全社会也应打造尊重知识、尊重科学、尊重人才的良好氛围,注重科学家创造的社会价值,金钱、名利不是唯一的评价标准。

在科学发现、科学发明、科学检验的过程中,科学家身上的科学探究精神显现得尤为充分,为了获取真理哪怕付出生命的代价也在所不惜,这种献身科学的探究精神今天读来仍是感人至深。科学能进步,除了劳动人民的实践,很大程度是这些优秀科学家呕心沥血的推动,一部科学发展史往往就是科学探究精神发展史。科学家的成长史、奋斗史、科学家的传记,是普及科学精神的重要资源和思想载体,是可以走进课堂教育和课外教育的活生生的教材。

二、传统文化与科学精神实践层面的培育

"日常生活的世界有内在价值,我们不能抛弃掉日常生活去追求一个更高的真理。甚至可以说,最高的价值和意义可以在日常生活中体现。"[1]因

---

① 〔美〕杜维明:《二十一世纪的儒学》,北京:中华书局,2014年版,第85页。

此,传统文化视阈下培育科学精神,也必须重视科学精神在日常生活实践层面的培育。

(一)传统文化"形而上"的理念落实到"形而下"的科学事业中

"哲学的认识方式只是一种反思",①黑格尔强调了哲学的反思性,哲学还具有超验性、批判性。一定程度而言,科学缺少"形而上"的东西,这种"形而上",需要哲学的注入。科学的终点是哲学的起点,哲学是对世界本体的终极追问,以逻辑之真来探求本体之真,这种求真较之科学更加深刻。哲学的追问要求主体的反思不受外界干扰,以其自由性保障深刻性。哲学和科学在求真和自由性方面,具有一致性,所以,哲学的"形而上"理念是可以注入科学当中的,这必然涉及科学精神培育的主体。科学精神的重要性不言而喻,所以,科学精神培育应是人人有责,但是部分社会群体囿于自身的科学知识、素养、文化的匮乏,无力承担此重任,只能是被培育的主体。所以,科学精神培育的主体主要是政府、科研机构、大众传媒和民间科研组织等。

政府应把科学精神纳入文化战略当中,首先,在观念上要高度重视科学精神的培育,深刻领会到科学精神对于提高国民素质、社会发展、国家进步的重要意义。这是科学精神培育的前提工作,唯有深刻领会,才能使科学精神的具体培育工作不流于形式。其次,要从制度和文化方面为科学精神培育提供良好的社会氛围,科学精神只有在一个社会的制度和文化中扎下根来,才能真真切切地反映到生活中的方方面面,对社会大众的影响才是显而易见的。再次,要借助于各种机构,为科学精神培育搭建平台。教育界、学校、科技界、科研机构、新闻出版部门、社区、博物馆等,积极主动发挥自身职责,成为科学精神培育的有效途径。例如大学的宣传部门,也承担着科学精神的宣传、引导和培育工作,注重教师和学生科学精神的培育,让科学精神

---

① 〔德〕黑格尔:《小逻辑》第二版序言,贺麟译,北京:商务印书馆,1981 年版,第 7 页。

培育工作深入校园,走进课堂,走进头脑。精神文明建设指导委员会办公室的职责之一也是要加强宣传和培育科学精神,积极主动的倡导科学的价值观,增强科学知识的宣传力度,丰富科学精神的弘扬手段。

并且,政府还应制订年度或者中长期科普规划,建设必要的培育基地和设施,加大资助力度和投入,制定科学精神的衡量指标,增强开展力度,加大监管力度,规划培育任务、方法和步骤,将科学精神培育作为践行社会主义核心价值观的着力点之一,在全社会营造起尊重科学精神、崇尚科学精神的良好社会氛围。总之,就是要求全社会把科学精神的培育工作当作一项系统工程来抓。

科研机构包括高等院校、研究机构、科技团体等,其职责一方面是进行科学研究、发表科研成果,并且科研计划、科研选题应统筹规划,避免科研行为的一哄而上、盲目进行和科研资源的浪费,提高科研效果和社会成效。同时,普及、培育科学精神也是其社会职责之一,应在思想上高度重视,有责任、有义务积极进行科学精神普及、培育活动。

科学精神作为一种生机勃勃的进取精神,除了文化和智慧层面的显现,最基本的层面就是科学知识的普及和教育,以及在此基础上对科学知识和科学方法的运用。对待科学技术需要有正确的价值判断以及良好的社会心态,摒弃对待科学的工具主义、功利主义的做法,强调科学的精神意蕴,才能在全社会形成有利于科学发展和科学精神培育的良好氛围。

(二)"礼乐教化"与实现科学精神培育的体制化

《礼记·学记》:"古之教者,家有塾,党有庠。术有序,国有学。比年入学,中年考校。一年视离经辨志,三年视敬业乐群,五年视博习亲师,七年视论学取友,谓之小成;九年知类通达,强立而不反,谓之大成。夫然后足以化民易俗,近者说服而远者怀之,此大学之道也。"《孟子·离娄下》:"君子深造之以道,欲其自得之也。自得之,则居之安;居之安,则资之深;资之深,则取之左右逢其原,故君子欲其自得之也。"一种文化若是仅停留于观念层面,而没有形成社会建制,以体制化、程序化、规范化、常态化加以推广和落实,那么这种文化是不会长久的,更谈不上对人的进行教化了。而形成体制化之后,就呈现出主流文化之姿,公民以接近、学习、融入主流文化为归依,就会在思维方式、价值观念、行为规范、审美旨趣、社会风尚等方面处处流露出主流文化的特质。

同样,培育科学精神也必须落实到社会体制方面,这一点就必须学习传统文化如儒学的传播教育体制。儒学在"礼、乐、教、化"诸方面均透显出浓厚的儒学价值观,如朝廷的制礼作乐、典章制度中,子曰:"八佾舞于庭,是可忍也,孰不可忍"(《论语·八佾篇》)。日常生活中也要遵循"非礼勿视,非礼勿听,非礼勿言,非礼勿动"(《论语·颜渊》),独处要"君子戒慎乎其所不睹,恐惧乎其所不闻。莫见乎隐,莫显乎微,故君子慎其独也"(《礼记·中庸》)。教育体制就更不用说了,学习传统文化如儒学的教育、传播方式。儒家作品体系严谨、结构分明,思想虽有通俗易懂之处,但也不乏艰涩枯燥,但老百姓耳熟能详、心领神会,这其中蕴含的深意值得探究。儒学自"罢黜百家,独尊儒术"之后,成为官方的意识形态,科举制更是将其列入"四书五经",作为考试必读科目。可以说儒家思想在知识分子阶层是非常普及的,知识分子言传身教对家庭和社会的影响是不言而喻的。就普通老百姓而言,若没有机会接受正规教育,则主要通过"礼"的方式,无形中了解到、甚至恪守了儒家思想。儒家之礼可谓繁文缛节,红白喜事皆以"礼"为严格程序,孔子本人不管是拜见君主还是平民百姓,皆以"礼"待之。"礼"有非常丰富的民间艺术形式,如戏剧《小姑贤》《墙头记》把"礼"淋漓尽致、活灵活现地表现出来,老百姓耳濡目染,无形中熏陶渐染、刻骨铭心。当然"礼"的某些精神特质今天不值得提倡,但要学习这种普及途径和方式方法。

将科学精神纳入今天的教育体制,在全日制教育、职业教育、技能培训中,在教学内容的制定、教学方法的改革、教学成果的考核,以及对教育者本身的考核等方面,科学知识、科学文化都应达到一定的水准,科学精神都应是不可缺失的一个衡量指标。例如在家庭教育中,家长在关注子女获取知识的同时,更应注重科学素质的提升和科学思维方式的培养,养成独立思考、创新进取的能力和习惯,为科学精神的形成奠定良好的基础。同时,家长应以身作则,带头践行终身学习的理念,自觉与各种封建迷信、社会陋习划清界限。在学校教育中,教师应注重培养学生全面发展的能力,转变教育方式方法,不以成绩和分数为唯一的衡量标准,注重培养发现问题、解决问题的能力,提高学生的科学意识和科学的思维水平。在职业教育和社会教育中,注重学以致用,培养踏实诚信、严谨负责的良好作风和职业道德,使学生养成不断学习、终身学习的理念。同时,整个社会对人才的评价机制,要改变"唯学历论"的观念,应更注重实际能力、道德素质的考核,使整个社会形成人尽其才、各尽所能、心情舒畅的和谐局面。

同时,就科学精神的社会普及而言,现代社会在传播科学精神方面,显得比较乏力。理论工作者应和科技工作者、文艺工作者强强联合,打造精品,创作入木三分、活灵活现的科学童话、科学小品、科学诗作、科学随笔、科学散文、科学著作、科学影视、科学美术等戏剧作品和文艺作品。在民风民俗方面,让科学精神走入日常生活、寻常百姓家,一方面需要唱响主旋律,国家要大力宣传,舆论要大力倡导,引导公众了解国家的科技政策,使其尽可能多地参与科学实践活动中;另一方面,要结合老百姓的日常生活、生产活动展开,如生老病死、婚丧嫁娶中,找准关注点,如养生、保健、环保、医药卫生、优生优育、心理健康、电器安全使用、设备维护等方面,普及科学精神的同时,把涉及的基本的科学知识也一并普及。这是除了学校教育之外,在社会上展开的科学精神培育工作,因其具有针对性和说服力,释疑解惑往往能取得事半功倍的效果。

(三)"格物致知"与引导公民参与科学活动

关于"格物致知",朱熹认为:"所谓致知在格物者,言欲致吾之知,在即物而穷其理也。盖人心之灵莫不有知,而天下之物莫不有理,惟于理未有穷,故其知有不尽也。是以《大学》始教,必使学者即凡天下之物,莫不因其已知之理而益穷之,以求至乎其极。至于用力之久,而一旦豁然贯通焉,则众物之表里精粗无不到,而心之全体大用无不明矣。此谓物格,此谓知之至也。"[①]《大学》讲的本来都是诚意、正心、修身、齐家、治国、平天下的大道理,属于社会科学,经朱熹这么一解释,却和自然科学发生了关系,而且自然科学成了最基本的东西。

科学活动并不仅仅是职业科学家和科研工作者所专有的活动,还包括广大业余科学志愿者和爱好者所自发组织、进行的科学计划、项目和实践活动。科学具有大众性、公众化的特点,科学研究过程中需要给予社会大众参与的机会和权利,让公众参与科学的实践过程中。专业科学家在科学活动中,承担着主导者和决策者的角色,社会大众承担着合作者的角色。引导社会大众参与科学活动,可以使公众在协同解决科学问题的过程中,提高公众的科学兴趣,发挥知识所长,甚至承担着收集数据、分析数据的职责,能在一定程度上影响着政府的科技决策行为,搭建起理解科学、运用科学的平台。

《二程遗书》卷十八:"涵养须用敬,进学则在致知","格物致知"蕴含着在实践中获取真知,尤其是涉及科技决策的公共决策,必须听取公民的意见。公民可通过直接参与或者网络互动参与决策,这就要求参与者必须具备相应的科学知识和理性思维,而对于旁观者和听众而言,也是一次提高科学素质、普及和培育科学精神的活动。当前科学与社会生活联系非常紧密,在政治体制改革、法律的变迁、文化的建构中,科学起着越来越重要的作用,社会大众对科学的兴趣也日益增加。科学需要公众的参与,这本身也是科学民主精神的体现。科学研究已不仅仅是科学家或者科学共同体所专有的活动,科学活动俨然已成为一项公共事业,加之公民的科学素质和参与意识的增强,越来越多的人渴望在科学研究中可以一探究竟、一显身手。

---

① [宋]朱熹:《四书章句集注》,北京:中华书局,1983 年版,第 6-7 页。

在科技政策的协商、听证、评审、投票环节,越来越多的公共科技事件,有了民众的参与。这个过程既有利于提高公众的决策品质和责任意识,本身也是培育科学精神的重要途径,而这本身又有利于参与和决策途径的完善,消除公众的决策疑虑和心理焦虑,有利于社会的安定和谐。如对放射性项目对环境和居民健康的评估,对自然现象如潮汐的测评,寻找养生膳食植物和药材,野外生存技能与自救等,业余科研活动由于是科研爱好者组织,参与者的积极性和主动性都非常高,往往能够取得有价值的科研成果。参与者由一开始的不由自主,进而自觉运用科学精神进行探索,这也加深了对科学知识和科学文化的运用和理解,这对参与者来说都是一次精神上的洗礼。有条件的地方,可以由科学家进行指导和参与,科学爱好者民主决定科研项目,定期组织,广泛征集人员参与,如家庭式参与,更能收到培育科学精神的良好社会效果。

培育科学精神,还需要支持、鼓励民间技术发明和技术革新,大工业时期由于机器的广泛使用,许多手艺人的技艺已经失去了竞争力,面临失传和后继无人的境况。技术发明和革新,本质上是科学知识的运用,国家在舆论上应积极引导,给予政策支持和物质奖励,抛却急功近利的做法。民间技术作为悠久深厚的历史文化传统,是传统文化的历史印记,实际上是在劳动的创造过程中,发现了知识,也是"格物致知"的体现,有利于科学精神普及和培育工作的开展。

(四)"经世致用"理念下开展科学活动与社会的良性互动

"经世"观念既是一种人生态度、生活准则,也是一种政治行为,甚至可以说是一种社会行为。在和平时期,"经世"观念或体现为"学而优则仕",孜孜以求,心系天下;或是"独善其身"的"大隐隐于市",表面上对政治的疏离,掩盖的是内心对入世的渴求。在社会动乱、民族危机时期,"经世"体现为为国捐躯、何以家为的舍生取义。这种"经世"观念既是一种"欲平治天下,当今之世,舍我其谁"的政治关怀,也是一种"先天下之忧而忧,后天下之乐而乐"的人文关怀。对个人而言,或许有成败际遇、名利荣宠的盛衰变化,但就社会发展主旋律而言,却是一以贯之,并无显著不同。张载的"为天地立心,为生民立命,为往圣继绝学,为万世开太平"是对"经世"观念的终极概括。

"致用"出现于《易·系辞上》:"备物致用,立成器以为天下利,莫大乎圣人",本义为"尽其功用"。刘勰在《文心雕龙》序中指出:"唯文章之用,实经典枝条;五礼资之以成,六典因之致用,君臣所以炳焕,军国所以昭明,详其本源,莫非经典",尽经典之功用以制作礼制、法典、宣扬君臣政绩、记载军国大事。"致用"在后来逐渐有了"诉诸实践"的意思。宋、元、明时期思想家开始把"经世"赋予"致用"的内涵,强调"穷理致用",清时提倡"通经致用"。当然,"通经"是精通经义之意,"经世"是经理世事之意,和"致用"之意有所不同。"经世致用"一词的使用发端于梁启超,其"经世致用观念"和"经世致用之学"含义与"经世之学""经世"并无区别。今天领会"经世致用"之含义,既要有"经世之志",通晓"经世之学",还要学以致用、诉诸实践。

"凡贵通者,贵其能用之也",传统文化一直有"经世致用"的文化风格。早在春秋时就有"正德、利用、厚生"的"三事"之说,"正德"关乎人的精神层面,"利用、厚生"则涉及物质生活方面。《周易大传》中:"精义入神,以致用也。利用安身,以崇德也。过此以往,未之或知也,穷神知化,德之盛也。"参透了事物的规律,到了出神入化的境界,可以更好地发挥致用功效,致用的根本目的还在于正德、崇德。厚德以载物,反过来对规律的把握会更加细致,致用的广度和深度也会愈发辽阔、精微。在把握规律的基础上,道德和效用是相互促进的,典型如庖丁解牛。可以说,这种经世致用的思想传统对后世影响很大,明清大儒顾炎武说"君子为学,明道救世"。但是对"致用"要一分为二看待,过分强调致用性,容易失去科学的理性精神,过度强调科学的工具理性。但是,致用性也是人们从事科学的动力,能够以此促成科学研究成果的产生。"经世致用"传统下致力于科学精神培育,在于使致用性的正、反两方面保持适度,发挥其对科学研究的激励作用。

开展科学活动与社会的良性互动,实际上日常生活中处处能够显现出这种互动的光芒,譬如与人交谈善于倾听,不急于表达自己的观点,这不仅仅是尊重对方、有修养的表现,更是一个全面了解对方、掌握资料的过程。说话做事讲究分寸、火候,不从众、不人云亦云,以"小马过河"的做法亲身体验再下判断、做决定。日常生活和工作安排中,如何利用统筹法,节省时间,提高效率,有时间观、数量观、全局观,都是一个人有没有科学精神的表现,本质上是对一个人有无实证精神的确证。

对于普通公民而言,他们更关心的是如何运用科学知识来解决日常生活中的常见问题,提高生活技能。科技工作者可以把抽象枯燥的科学知识,转化为贴近日常生活、具体的、浅显易懂的生活知识。在此基础上阐释其中蕴含着的科学思想、原理和科学精神。因为科学精神不会从科学知识中自动显现出来,生活中具有科学知识而缺乏科学精神也大有人在。并且科学精神也不仅仅存在于科学知识中,科学文化、科学实践中更是蕴藏着丰富、深刻的科学精神。若能借讲解科学知识的时机,把科学文化和科学精神也透露、传播出来,提高人们运用科学精神解决问题的主动性和自觉性,无疑是对科学精神最好的普及。

开展科学活动与社会的良性互动,必须丰富科学精神普及的方式和途径,要扩大普及对象,青少年学生是主体,还要对各行各业的从业者、甚至科研工作者本身,结合其知识背景、受教育程度等,开展灵活多样的普及和宣传活动。除了书籍、广播、电视等传统媒介之外,培育科学精神最好的途径是让学习者实际接触科研设备、科研资料、科研队伍等,如参观博物馆、科技馆、展览馆。有条件的地方可以参观科技工作者的工作室、实验室,以及与科研人员交谈等。进行科学模拟活动和开展科学趣味活动,通过进行简单的科学实验,参加科研活动夏令营等,通过轻松愉悦的科学实践,加深对科学的认识和对科学精神的领悟。

三、传统文化与科学精神学术层面的培育

道德和知识都是人类把握和认识世界的两种方式,就道德和知识的关系而言,道德要发挥对人的规范作用,就必须建立在合乎规律的科学知识之上。在学术层面培育科学精神,必须要处理好道德和知识的关系问题,使科学精神培育建立在坚实的基础之上。

(一)传统文化"以德为先"与加强学术道德规范建设

厚德载物的精神品格,促成了中华民族重义轻利、义以为上的道德操守,形成了追求真理、直道而行的文化传统。就知识分子,具有"自反而不缩,虽褐宽博,吾不惴焉? 自反而缩,虽千万人,吾往矣"的崇尚气节、涵养情操的文化人格,以及"匹夫不可夺志""贫贱不能移"的浩然正气。面对真理,即是敢于直道而行、不畏权威,宁可舍生取义、杀身成仁,也不能卑躬屈膝、丧志辱身。典型如范缜,坚持"神灭论",不为梁武帝的威逼利诱所迷惑,展示了知识分子的大义凛然。伯夷、叔齐不食周粟而亡,二人的行为虽然反对的是正义的战争,但剥离其具体行为而抽取其价值取向而言,是能够展现出民族气节的一面。而感人至深的苏武牧羊,几十年天寒地冻的苦难生涯,心中守望着几乎不可能实现的归乡信念,当白发苍苍的苏武,一个挂着掉光了穗子的节仗的老者回到长安城时的情景,是对节操、信念最生动的写照。

中国古代很多思想家认为陶冶情操、培养道德要效法自然、遵守自然法则,如《易传》中:"夫大人者,与天地合其德,与日月合其明,与四时合其序,与鬼神合其凶吉",《道德经》中"人法地;地法天,天法道,道法自然"。儒家提出了"知"与"仁"的关系,而知识的获取和完善,从根本上是有利于社会道德进步的,很多愚昧迷信行为的根本原因还在于知识的匮乏,"知书达理"是

有一定的合理意义。而前文如陆九渊所言"不识字，亦堂堂做人"，实际上过分倚重德行，已偏离以知识为基础的德行主旨，这种德行已不是圆满的德行，在实践中难免有弊病。

加强学术道德规范建设以培育科学精神，当务之急是培育大学生的学术道德和科学伦理精神。大学生肩负着未来进行科学研究、转化科技成果为生产力以及在公众中普及科学知识的重任。对大学生进行学术道德规范教育，既是高校开展德育工作的重要内容，也是高校培养创新型人才的职业道德需要。通过科学精神教育的陶冶和熏陶，能够提高大学生的思想道德修养，明确科学研究和技术创新的价值导向。大学生作为优秀青年聚集的群体，担负着更多的社会责任，其严肃认真、创新求实的学术道德和科学伦理精神，对整个社会的精神文明建设而言，也是极为有利的促进和提升。王国维曾感叹："夫然。故今之学者，其治艺者多，而治学者少；即号称治学者，其能知学与艺之区别，而不视学为艺者，又几人矣！"[1]在大学生的学习、日常生活、未来职业选择中，开设科学道德规范、科技史等相关课程，深入挖掘我们自身的科学传统以及传统文化中科学家身上可歌可泣的科学精神，学习科学家献身科学、造福人类的科学品质，以及团结协作的学术民主作风。

首先，加强学术自觉与自律建设，为培育科学精神奠定坚实的道德基础。把追求高尚的学术道德内化为师生自觉主动的道德诉求，认同"我诚信，我快乐"的道德规范，面对弄虚作假、沽名钓誉而获利的"德福矛盾"等现象，能坚持立场，不为所动，以身作则带动身边人抵制此类现象，以实现良好的学术道德环境。高校师生作为社会道德的践行者，至少不能突破社会的道德底线，在培育和恪守科学精神方面，应以真才实学坚持诚信、创新的学术研究，摒弃虚假、投机的学术钻营和腐败，研究真问题，做有良知的知识分子。

其次，要本着科学理性、批判宽容的原则，开展积极健康的、严肃认真的

---

① 王国维：《王国维学术文化随笔》，北京：中国青年出版社，1996 年版，第 32 页。

学术批评,在学术批评中造就真学问。学术批评不是伺机打击报复,而是在尊重批评对象和其学术成果的基础上,打破学术迷信和学术权威,改变学术一家独大的垄断局面,给学术新人更多的表达机会和话语权,造就尊重知识、尊重人才、鼓励创新的学术文化环境。这无疑会极大增强科研工作者学术追求的积极性,也能使其更加自觉地恪守学术自律和秉持学术警戒,提倡多元、公正、宽容、平等的科研环境,有利于学术圈整体道德水准的提升和学术规范的形成。

再次,要加强"以崇尚科学为荣、以愚昧无知为耻"的社会主义荣辱观和"爱岗、敬业、诚信、友善"的核心价值观教育。其中,尊重科学、崇尚科学,并非凡事依仗科学来解决,而是要理性看待科学的功能,树立"科学不是万能"的意识,关键是要领会科学的内在品格和精神主旨,养成科学的思维方式,以科学精神来为人、处世、工作。

(二)传统文化"唯才是举"与建立科学的学术评价机制

历史上"有齐桓公见稷之诚,刘备三往隆中之志"之美谈,韩非认为,"任人以事,存亡治乱之机也"(《韩非子·八说》),任用贤才,人尽其才,是国家拨乱反正、兴盛发达的关键。曹操有求贤若渴的《短歌行》,"我有嘉宾,鼓瑟吹笙",希望有大量人才为己所用。科学研究和学术评价体制中,更应该坚持"唯才是举"的原则。年轻力壮的中青年科学家是科学攻坚的中坚力量,因此必须有科学、公正的评价机制,保证最优秀、最有才华的人能加入科学研究队伍当中,使其能够展开手脚、施展才华。科学的评价机制应该是"能够从全体居民中,而不仅仅是从根据财产多寡武断地划分出来的一部分居民中吸收有才智的人"。[①]

科学精神的核心是求真,因此科研成果的评价标准只能是质量标准,学

---

① 〔英〕贝尔纳:《科学的社会功能》,陈体芳译,北京:商务印书馆,1986年版,第328页。

术成果的首创性、创新性是根本的、也是唯一的标准。但在实际的评价体制中,不可避免地受到科研成果作者的毕业学校、学历、工作单位、职称、学术圈子、师承关系等因素的影响。存在精英统治的情形,体现在学术交流、研究、评价、奖惩等环节。并且在学术界也存在"马太效应"的现象,职称越高、有基金资助者,发表起来越容易,而广大中青年学者,因不具有高级职称,或者缺少科研项目资助,即使科研成果有很大的创建,但在投稿时仍被冷遇,甚至没有被审阅的资格。

学术和奖励制度的实质在于获得同行认可,途径之一是在高水平学术刊物上发表论文,目前的评价体制是 CSSCI 期刊被认为是国内人文社会科学的高端刊物,但不乏某些期刊带有非常浓厚的"地方色彩",如本院校、本科研单位、本地区的论文往往在某一期刊物中占据不少的篇幅,带有明显的学术圈子或者师承关系的影响。而广大中青年学者,尤其是在读博士生,往往投稿无门,甚至和导师一起合作的文章,也被期刊要求只能是导师作为第一作者。这投射出期刊评价机制上的问题,期刊为了提高引用率,保持 CSSCI 期刊的地位,更青睐高级职称作者的成果、有基金项目资助的成果。

而在同行评价的各个评审委员会中,往往充斥着学术能力不强的某些行政长官,属于以外行来评价内行。即使评审专家具备较高的知识储备和学术素养,因其自身的专业性,对其他专业,往往有"隔行如隔山"的乏力感,缺少对专业前沿性问题的把握,其发言内容往往也不具有学术权威性。所以,这样的评选结果,是否以质取胜,往往很难令人信服。这也催生了广大的期刊中介机构,以联系期刊社发表论文来获取暴利,结果往往是质量一般甚至低劣的科研成果,因为有中介的运作,反而获得了发表的机会,而以质取胜的文章,往往是泥牛入海,出现了学术界"劣币驱逐良币"的现象。

建立科学的学术评价机制,首先,要将学术研究与学术行政管理区分开来,减少行政部门运用行政权力对学术研究的过分干涉,保障学术研究的自由、自主。学术研究在科研工作者的规划下,有特定的研究目标、专业的科研团队和严密的科研步骤,在研究过程中即使出现了偏差,科研团队会协商合作、沟通解决。若行政部门只按照纸面的科研目标干涉学术研究,科研团队迫于行政压力和领导意志而不得已执行之,失去了科学自主精神的学术研究,过于被社会性因素所驱使,会离学术的本真精神越来越远。

其次,减少打着"专家""权威"旗号的行政人员对学术研究的参与。不可否认一些科研项目中有专业出身的行政人员的参与,但也不乏某些项目为了使团队看起来更加瞩目,强拉行政人员参与,或者少数行政人员为了增加自身的"学术光环"而主动要求加入科研团队。就真正的科学研究、专业的研究团队而言,团队成员若不能真正运用专业知识在项目研究中发挥一己之力,这些人员实际上是属于"非科学""伪科学"的成分,其对科学的奉献精神肯定大打折扣,也无法使团队培育出科学的怀疑精神、批判精神和创新精神。而且行政人员往往将职业作风带进科研团队,以指挥、命令的方式开展研究工作,科学的民主精神更是无从谈起。

再次,在涉及课题评审、职称评定、学术奖励、论文刊发等环节,必须建立客观、公平、公正、透明的评价机制。程序公正是结果公正的保障,即按照科学的求真精神和理性精神来评选,既能够净化学术研究环境,规范学术研究领域秩序,而且能够最大限度地减少或者避免当前存在的学术腐败问题,减少学术评审环节的为己谋利、中饱私囊,使学术研究走上健康有序的发展道路。同时,科学的评价机制,得以保障广大科研工作者的科研积极性和创造力,在一个身心舒畅的科研环境里,科研工作者更容易大有作为,迎来自身学术生涯的辉煌,也促进了科学的繁荣发展,而这最终都有利于科学精神的培育和弘扬。

(三)传统文化"礼法并用"与健全学术规范法律法规

"求善"作为传统知识分子的价值旨归,能够提高人们的精神境界,做一个高尚的、有道德的谦谦君子,挣脱物欲、名利的羁绊,客观上有利于整合价值观念，提升文化认同和心理归属，进而有助于民族凝聚力的增强。但是，过于推崇"求善"，使其作为思维方式和行为方式的唯一出发点和归宿，以道德消解、压抑正当的物质利益追求，也必将导致整个社会泛道德化标准的形成，扼杀了个体的自主性、创造性和独立性，甚至出现了口头上的"卫道士"、名义上的"伪君子"，反而背离了"求善"的初衷。我国被称为礼仪之邦，待人接物恪守君子之礼，《中庸》中"礼仪三百，威仪三千。待其人而后行"，其中"三百""三千"都不是特定数目，是用来说明礼节浩荡，让人景仰。"三百"主要是就大的礼节而言，譬如对国家而言的祭祀礼、外交礼，内心必须庄重慎戒。人一生中的大事项诸如生老病死、婚丧嫁娶等，都必须恪守相应的礼节。"三千"是指在社会生活中，面对不同的环境、事物和个体，待人接物就应有合乎事宜的言谈举止、着装仪容。在服饰、饮食、交际、交谈、公共生活、涉外活动中，都应恪守相应的礼仪规范，哪怕在私人领域，在无外界监督的情况之下，也要慎独自律。"礼"并非多余，而是一个社会文明程度的体现。"礼"的目的是追求一种秩序和井然，所以王夫之称之为"洋洋乎流动而不滞，充满而不穷，极于至大而无外矣"。

"礼节"，以礼节制，"礼"是通过肯定性的、正面的规范来约束、引导和塑造行为。与"礼"相补充的、具有功能的一致性的即是"法"，故有"礼""法"并用以维护社会安定。"五刑之属三千"，五刑"墨、劓、剕、宫、大辟"的具体律令有三千条。关于考试，南朝梁武帝规定，凡应试"差谬者罚饮墨汁一斗"，隋朝时期，"士人应试时，凡书迹滥劣者，罚饮墨水一升"。殿举，是科举制度中针对违规、舞弊、考卷文理不通者，给予废止考试资格或者停考科目的一种处罚。唐明宗时期规定：考试私带小抄，古称为"书策"，则"殿将来两举"，即取消两次应考机会。在考场中私自调换座位、传递答案者，则取消三次应考机会。伙同他人诬告者，本人永不得进入考场，合伙人"各殿三举"。找人顶替考试者，应试者本人永远失去考试资格，顶替者，即"非正身"，根据知情多少，情节轻重，则"殿四举"或"殿两举"。

《宋史·选举志一》记载:"进士'文理纰缪'者殿五举,诸科初场十'否'殿五举,第二、第三场十'否'殿三举,第一至第三场九'否'并殿一举。"考官在文理不通的考卷上批阅"否"字,积批语"否"之数,定殿举之数。为保证成绩的公正性,"革考官窝私之弊",宋朝采用了"糊名考校"法,即用"弥封"将考卷上考生的籍贯、姓名糊住,在每份试卷,即原始的"黑卷"上编上"红号"。为了防止审阅者能辨认出考生字迹而徇私舞弊,宋真宗设立了誊录院,由专门的书吏用朱笔来统一抄写考卷,成为"朱卷",再由考官批阅。成绩优秀者决定被录用后,由"朱卷""红号"按图索骥,找到原始的"黑卷",再开拆"弥封",张榜,最大限度地保证考试公平。

元朝规定:应试者和考官,若具有五代之内的亲属关系,应回避,否则殿一举。在父母服丧期内参加考试者,殿二举。明朝时,违规作弊者,给予治罪严惩,剥夺冠服,革除功名。清朝时,字迹潦草、语句纰漏、经典著作语句颠倒顺序者,均会被停考科目。被推荐参加考试的应考者,若被罚停考三科,那么考官则要被降一级调用,主考官则会被罚俸一年。严重时,贿赂考官、徇私舞弊者,考生和考官可被处于死刑。"礼""法"并用,目的是为了严肃考风考纪,保证科考公平公正,为国家选拔有用之才。而对文理纰漏者的处罚,也使读书人要严谨治学,不可马虎应付,有利于良好文化风气的养成。

借鉴传统文化中的"礼""法"规范,建立健全学术规范法律法规和各项管理制度,既是依法治国方略在科研领域的全面实施,也是学术法规逐步走向成熟的表现。科学精神培育需要主观条件和客观环境的配合,当每个人不能自觉主动地恪守学术规范时,就需要法律法规的监管和约束。

首先,通过法律法规以保障科学精神。加强科学和科技立法,完善科研管理制度,尤其是要继续完善并保障《著作权法》《商标法》《专利法》等知识产权法律法规的实施,落实《民法通则》中关于知识产权的明确规定,保障知识产权的智力成果权以及由此带来的财产权。知识产权法能够最大限度地保护科研工作者的创新精神,为科研工作者提供一个良好的法治环境,使科研领域有法可依、有法必依。

其次,健全惩处学术腐败的法律和规章制度。当前在科研论文的写作和发表环节,存在学术不规范的情节,如大量抄袭,超出了合理引用的限度;引用不标明出处;一稿多投;一稿多用等。科研领域的这种现象很多人视而不见,甚至明知故犯,导致了抄袭的泛滥成灾,学术的创新精神丝毫不见。这种情形的出现一方面是由于科研工作者自身学术道德的缺失,另一个方面就是违背学术道德需要承担的法律后果微乎其微。因此,必须尽快建立起惩治学术失范的法律环境,增强法律法规惩戒的可操作性和严密性,做到执法必严、违法必究。离开法律保护而空谈知识产权保护,科学工作者将不愿将自己辛辛苦苦获得的研究成果公布于众,必将导致科学研究的大量重复性工作,造成人力、物力、财力的极大浪费。

再次,健全、完善各项科研管理制度。科研管理部门在课题立项的成果提交、课题结项的成果鉴定、著作评审评奖、人事招聘等环节,加大对学术规范的审核,以审核的公开、透明、科学保障科学研究的严肃性、公正性。学术失范的情形,对当事人取消评优、评奖、拒绝录用,并以道歉、承担法律后果等形式承担相应的社会责任,消除不良影响。

建立健全学术法律规章,也在于向社会大众普及科学精神。科研法律法规和各项管理制度的出台,立法部门必须对我国当前的科研状态做广泛、深入的调查取证,这既给当前某些人浮于事、效率低下、创新乏力的科研部门敲响了警钟,促其自我整顿;也给兢兢业业做基础研究、短期看不到效益的科研人员以鼓励;也向社会大众表明了国家对科研领域优质环境的期盼和重视。法律法规出台前的广泛征求意见环节,也是在全社会倡导、培育科学精神的大好时机,能够使社会大众认可科学精神的严谨、规范,甚至近乎刻板、单调的精神。

(四)传统文化中的"监察制度"与建立学术规范监督机构

传统文化中关于监察制度的记载,最早始于"周公使管叔监殷"(《孟子·

公孙丑下》)。监察制度历史悠久,主要目的在于监察朝廷官员,维持良好的统治秩序,保证国家机器的正常运转。监察制度还承担着对政策、法令实施的监督,监督并参与到中央和地方司法机关对重大案件的审理中。可以说,监察机构和监察官员承担着立法、司法、行政等多种职责。战国时设有御史官,掌管文书和记事,已带有监察的属性。秦时建立了中国历史上比较完备的监察制度,随后各个朝代的监察制度基本上保持了一定的稳定性,监察官分为御史和谏官。在封建社会君主专制的政治体制下,监察制度带有的监督功能和民主色彩,能够起到一定的整饬吏治、劝诫、纠察的作用,虽然与君主一家之言的人治相对立,但在当时的历史背景下,监察制度还是具有相当大的进步性。疑今查古,往事可鉴,"观今宜鉴古,无古不成今"(《增广贤文》),传统文化中的监察制度对于今天惩治学术腐败和建立学术规范监督机构,具有重要的指导价值和借鉴意义。

建立专门的学术规范监督机构,才能监察学术道德有无提升、学术评价是否公正、学术法规是否到位。监督机构是科学精神培育的保障机构,否则,再严苛的规章制度因缺少监督监管,也会流于形式、形同虚设。在学术层面培育科学精神,要建立一整套的学术道德约束机制,将其作为一种理性追求,贯穿在学术道德建设中,以制度的形式,落实到教育管理的全过程中。制度建设和监督机构层面的管理,毕竟是硬性的,还应和思想建设和品德教育结合起来,不断探索培育科学精神的新路径、新方法、新手段。譬如把是否具备科学精神与师德考核结合起来,在职称的评定和晋升、薪酬定岗、留学进修、选优评优等环节,把科学精神作为一个重要的衡量指标。

监督机构要在学术法律法规的制定、公布、执行等各个环节发挥监管职能。要结合时代要求和师生诉求,在观念、手段、内容、机制等方面,不断实现监管职能的创新。要在现有学术文化环境的基础上不断反思,扬弃现有的不利于培育科学精神的监管手段和方式,重新建构有利于学术创新的文化环境,既形成能够持续、稳定、有效的约束机制,又形成能够发挥主观能动性、健康向上的学术创新氛围,在加强学术道德、培育科学精神方面,使广大科研人员成为优良学术道德的维护者、传承者、践行者。

首先,在法律法规制定之前,要对科研立法部门的调查、取证行动进行监督,保障科研调查行动的到位、深入,增强调查行动的针对性、可靠性,为法律法规的出台提供有理有据的科学依据。

其次,在法律法规的执行过程中,监管机构要保障法律法规的实用性。一方面通过监督,增强科研工作者的守法意识,通过主动宣讲、访谈,增强法律的威慑意识,从主观上杜绝违背科学精神的行为滋生。一方面要加强对科研管理部门的守法、执法情况的监督,审查职能部门的管理是否到位、有无越权的情形,保证科研活动的正常开展。

再次,监管机构要对执法效果进行监督。寻找现行法律不全面、不完善的地方,查漏补缺,客观公正评价现行法律的执法效果,为进一步健全法律法规进行实地调查取证,这本身就是实事求是的科学精神的体现。

学术规范监督机构的职责,就是要在科学精神培育方面,实现科研工作者他律与自律的统一。对治学严谨、成果突出、学风优良者,给予及时的表彰和宣传;对于学术抄袭和失范行为,应根据相关法律和制度规定,严肃处理、追究责任、消除不良影响。要根据行为性质和影响程度,针对具体情况给予批评教育、行政处分、撤销项目、取消学位资格、职称解聘等处罚方式,要本着实事求是、严肃认真、公正科学的原则,掌握好处罚的力度和尺度,既要起到教育批评当事人,防微杜渐、警戒他人的作用,还要继续保护科研工作者的积极性,营造宽容、和谐、竞争、创新的学术环境和氛围。

学术监管机构对培育科学精神的保障作用,能够形成良好的社会舆论导向,促进科研法律环境的改善和良好学术风气的形成。通过外部强制性的监管和约束,以及发自内心的自我道德约束,以解决学术造假,遏制学术腐败,以学术的法治建设来保障学术的道德建设,以学术的道德建设更好地维护学术的法治建设,实现法治和道德的良性互动、兼容互补,既能提高科研工作者守法的法律意识,自觉恪守学术道德,也能运用法律的武器维护自身的学术权利,遏制学术腐败现象的产生。由此营造一种风清气正的社会文化环境,为培育科学精神提供一种天然屏障,使科学精神在学术规范中更好地发挥对科研工作者的激励和导向作用,并作为一种普遍性的价值观念,在社会大众中根植、培育。

四、传统文化与科学精神制度层面的培育

当前,科学精神还没有成为国人普遍的思维方式,科学精神在塑造人的心灵、思想观念、生活方式和行为方式方面,仍是任重道远。寄希望于科学精神直接对人的塑造,恐怕效果甚微,而人的本质是具有社会属性的各种社会关系的总和,须臾不能脱离社会,脱离社会制度,脱离文化传统。并且,我国在制度建设方面,一定程度上跟不上改革开发的持续深入和市场经济的迅速发展,不仅不能为其提供相应的制度保障和激励机制,甚至出现了某种程度的不协调甚至阻碍。因此,以科学精神推进制度建设,在制度创新中"一以贯之"科学精神,通过制度中蕴含的科学精神以逐步培育全社会的科学精神,恐怕不失为明智之举。

(一)"民胞物与":制度的制定应符合科学精神的"公有性"

传统文化作用于人的思想观念、价值取向、道德准则、风俗习惯及日常生活,进行制度创新,既需要吸取科学精神的特质,也需要汲取传统文化的养分,寻找传统文化的支撑。只有这样,制度建设才能获得持久的创新动力,并且符合我国的文化国情。孔子践行"有教无类"的平民教育;《孟子·滕文公上》记载:夏、商、周"设为庠、序、学、校以教之,庠者养也,校者教也,序者射也。夏曰校,殷曰序,周曰庠,学则三代共之,皆所以明人伦也";《孟

子·尽心上》中孟子曰:"君子之于物也,爱之而弗仁;于民也,仁之而弗亲。亲亲而仁民,仁民而爱物。"孟子说:"君子对于万物,爱惜它,但谈不上仁爱;对于百姓,仁爱,但谈不上亲爱,亲爱亲人而仁爱百姓,仁爱百姓而爱惜万物。"张载《西铭》:"民吾同胞,物吾与也",《墨子·尚同上》中的"唯能壹同天下之义,是以天下治也",《尚书·秦誓》中的"民之所欲,天必从之"。可见,制度是文明的体现,人类文明的传承,通过制度的更替创新得以延续。在制度创新中培育科学精神,既有利于传统文化的弘扬延续,又有利于科学精神的培育和推广。

制度创新的实质就是人的思维方式的创新,需要制度制定主体具备相应的科学精神,才能制定出有效的制度。所谓有效的制度,即人们认同并遵循,能够促进生产力发展和社会进步,能够约束、规范人们行为,又能激发人们的创造性和进取心,并且能够解决社会问题,弘扬社会正义的制度。制度的存在是有价值的,而非形同虚设,人们按照制度行事而非"潜规则"大行其道。在制度的制定、遵守、执行、监督各个环节,必须始终贯彻科学精神。制度应具有平等性、广泛性和包容性,有效的制度能使民众以一种文明理性的方式和法治的途径来解决利益冲突。

科学精神具有"公有性"的特质,科学知识是人类的公有财产,科学家的成果可以获得同行承认和尊重,但是个人没有任何特权将知识占为己有,因此,科学家也就没有权利隐匿自己的科研成果,或者阻挠别人将科研成果公布于众。科学精神的这种特质,和制度具有相通性。制度应适用于每一个人,不应有特殊化,否则制度就会失去公正性,失去公正性的制度,比缺失制度更有危害性。可以说,现代社会是一个有制度联结起来而高度运行的社会,制度使得社会高度组织化,缺少了制度,社会往往会缺少稳定性和统一性。所以,制度是一个关乎社会根本性和全局性的问题,它决定着社会的长治久安,因此,必须把制度建设当成一个长期性的问题常抓不懈,并且需要把制度建设纳入法制化的轨道,着重制度建设的科学性。简言之,在制度建设的方方面面中,深入持久地贯穿科学精神,并以制度建设的科学性来带动科学精神的培育工作。

科学精神的本质是求真,在制度建设中培育科学精神,第一,制度的从无到有,其产生的动因来自时代的呼声、现实的需要、人民的诉求,体现制度产生的必要性和实时性,不能为制度而制度。第二,制度的制定要在先进理念的指导下进行,要反映出时代的问题导向和意识,要把对问题的解决方略暗含在制度的总体原则和具体规定当中。第三,制度的制定要强调其有效性和针对性,其具体运行和操作能够解决实际问题,制度不是形同虚设的摆设。第四,制度是严谨的、严密的,作为一个有机的整体,其有明确的适用对象,并且,对适用对象而言,制度相互衔接的各个部分是一视同仁的,这一层面,可以明确地体现出科学精神的"公有性"特质。第五,制度应具有未来指向,除了对现实问题的解决具有指导性,还应是富有远见卓识,对未来问题的解决具有预见性。这既可以使当前状况、现有问题解决后,不至于急切进行"制度创新",又可以为未来的制度创新指明方向。

科学精神作为实事求是的精神,在制度制定中培育科学精神,也必须是实事求是的。就目前而言,我们正处于并将长期处于社会主义初级阶段,制度制定的主题本质上仍然围绕着"什么是社会主义、怎样建设社会主义"展开,只要初级阶段的基本国情不变,我们的基本路线、社会制度、主要矛盾、发展任务也会相对保持不变。因此,凡是能够体现出马克思主义的基本原理、原则、方法,在制定制度时可"有所不为",即要毫不动摇的坚持;发展理念、行动纲领、方针政策亦应相对保持不变,目的在于保持理念、政策的稳定性和连续性,否则易使之成为短期行为,表现为形式主义,导致基层无所适从。而具体的工作布置、目标要求等,需要进行宣传、普及、推广,目的在于使社会大众了解、知悉,就不宜过分拔高,进行所谓的"制度创新"了。

以科学精神推进制度建设,在制度建设中培育科学精神,可以说是当前我国制度建设中的一个重要议题。尤其是当前,全面深化改革,全面依法治国,要从根本上解决或化解矛盾,甚至防患于未然,都不可避免的涉及制度的制定和执行上,尤其是要注重制度建设中的科学化、组织化水平,制定制度必须认真倾听公众的意见或建议,满足公众合理正当的利益要求,适用于每一个人,以人为本。当前,培育科学精神,必须在制度创新中的各个方面,各个群体中展开,这必然是一项庞大的工程。

(二)"尽信书不如无书":制度的遵守应符合科学精神的"有组织的怀疑"

"尽信《书》,则不如无《书》。吾于《武成》,取二三策而已矣。仁人无敌于天下,以至仁伐至不仁,而何其血之流杵也?"(《孟子·尽心下》)孟子认为《尚书》中关于周武王讨伐商纣王的记载,并不属实,仁者无敌,正义之战,怎么会"血之流杵"?孟子看待《尚书》这样的先人经典,关于历史的记载,也只会"取二三策"。所以,独立思考、保持质疑、"不唯书"是非常宝贵的读书法。若把这种质疑精神,用在对现行社会制度的遵守上,传统文化中也不乏记载。"左右皆曰贤,未可也。诸大夫皆曰贤,未可也。国人皆曰贤,然后察之;见贤焉,然后用之。左右皆曰不可,勿听。诸大夫皆曰不可,勿听。国人皆曰不可,然后察之;见不可焉,然后去之。左右皆曰可杀,勿听。诸大夫皆曰可杀,勿听。国人皆曰可杀,然后察之;见可杀焉,然后杀之。故曰国人杀之也。如此,然后可以为民父母。"(《孟子·梁惠王下》)传统文化中民众参与国家大事的方式,非常典型的就是"国人决"的方式。"国人决"要求君主在做出重大决策时,不能只凭直观喜好,不能只听亲属和宠臣的意见,要认真听取谏臣的主张,兼听则明,偏信则暗,更为难能可贵的是听取广大民众的意见。毫无疑问,"国人决"能够体现出协商之上的民主、民主之上的协商,一定程度上可以弱化、制衡君主的权力。天下非君王一人所有,人民有表达意愿、参政议政的权利。并且,国家治理事关每一个人的切身利益,在广泛参与的基础上达成的普遍一致,可以最大限度地减少社会不稳定因素。

"天下有道，庶人不议"（《论语·季氏》），这句话的反面应是"天下无道，庶人则议"，所以，当人民表达诉求的时候，往往是对"君无道"的一种抗议，或者对现行社会制度的不满，若是"有道"，则自然不会横加议论了。

我们可以把"国人决"的方式，理解为民众对君主独裁方式、君主才德能力的批判与怀疑，这种批判和怀疑是本着对国家和自己负责任的原则，而不是无端猜疑。在科学的精神气质中，恰恰也有"有组织的怀疑"这一特质，目的是保证在科学研究中，防止盲目信从，保证科学求真精神的彻底性。有组织的怀疑是把科学研究的每一种成果，科学研究的每一个环节，都置于科学共同体有组织的、持续的批判和审视状态之下，科学成果永远处于一种接受检验的状态。这种被审视和检验的状态，无非就是保证科学研究中的彻底的求真本质。

在制度的遵守层面培育科学精神，有组织的怀疑要求人们不要总为现在的制度唱赞歌，要以批判审视的眼光发现既有制度的不足。有组织的怀疑只能从基于实践的问题开始，从某种意义上说，怀疑的过程就是发现问题、筛选问题、研究问题、解决问题的过程。问题导向应是制度创新的出发点、立足点，问题导向应贯穿于创新过程始终，问题的解决应是制度创新的价值旨归。制度创新可以有不同的层面和内容，就指导思想而言，关乎国家的根本制度、发展道路和前进方向，如"三个代表"重要思想、科学发展观、"四个全面""四个自信"战略思想等；就具体领域而言，涉及科技创新、教育创新、文化创新、管理创新等。但是，有组织的怀疑必须具有明确的问题导向，或者是运用马克思主义的立场、观点、方法来解决社会发展过程中的重大经济、政治、文化和社会建设问题，或者是将其转化为解决具体问题的领导方法、工作方法或者思想方法。问题导向必须是明确的、富有针对性，不是自说自话、自言自语。

任何制度都诞生在特定的社会文化背景和制度传统之下，虽然在制度的制定过程中可以借鉴他国优秀文化而实现资源共享、互通有无，但是制定制度是为了实现何种特定目标,却往往受制于特定的国情、文化传统和人民诉求。因此,制定制度和实施之后,人们在遵守制度时,也必须发挥科学精神的"有组织的怀疑"这一特质,理性审视制度是否具备公正、合理的理念,是否有利于实现社会大众的整体利益,反思现行制度是否还有待进一步完善之处。对于制度的制定者来说,即使制度能够高效运转,能够解决实际生活中林林总总的利益问题,但制度并不会因此而完美无缺,要在价值理念上允许社会大众对制度的质疑、反思和讨论。"防民之口,甚于防川"式的只允许表扬、赞同的做法,显然已被文明社会所摈弃。

改革开放以来,我国在制定制度的过程中,学习和借鉴了大量西方的制度建构经验,制定出的制度从逻辑性和严谨程度来看,并无纰漏,但是执行起来效果并不尽如人意。运用科学精神的理性怀疑思维方式可以发现,西方制度中透显出来的个人价值本位和自由主义倾向,与我国文化传统中的集体主义、家国天下的价值理念截然相对。因此,对看起来符合科学精神"公有性"的制度,社会大众在遵守的同时,理性的怀疑自然是不可缺少。人们对制度的遵守,或许是基于自身利益的思量计算,有时候甚至可以是超越利益的,是从传统文化蕴涵的价值观念来反思、怀疑当今制度,甚至简单化为和传统一致的就是对的,反之就是错误的。人们对制度的有组织的怀疑心理,往往是看不见的,只能通过其言论和行为反映出来,对于制度制定者来说,倾听此类言论,关注相关行为,给予积极的回应,汲取其中合理的成分,对现行制度予以合理性的完善,查漏补缺,这无疑会给社会大众一种被关注的信号。而作为社会的责任公民,会更加积极地、负责任地给予现行制度以关注和反思,这成为一种良性循环,既能够促使现行制度的完善,也在无形中培育出社会大众和制度制定者的科学精神。

(三)"一断于法":制度的执行应符合科学精神的"普遍主义"

"法家不别亲疏,不殊贵贱,一断于法,则亲亲尊尊之恩绝矣。可以行一时之计,而不可长用也,故曰'严而少恩'。若尊主卑臣,明分职不得相逾越,虽百家弗能改也。"(司马谈《论六家要旨》)。中国传统文化中对公道、平等、正义有独特的理解、价值追求和向往,尤其注重人格、尊严的独立和平等。《大学》提出了"絜矩之道","絜矩"本是用工具度量之义,引申为法度、规矩。君子应"因其所同,推以度物,使彼我之间各得分愿,则上下四旁均齐方正,而天下平矣"。管仲提出:"不为爱亲危其社稷,故曰:社稷戚于亲。不为爱人枉其法,故曰:法爱与人。"(《管子·七法》)贤明的君主不应因关爱亲人而有危害国家的举动或者去违反法律,社稷安危、法律公平应优先于亲属情感,在国家和法律面前,对待任何人应一视同仁,不可偏袒徇私。管仲提出:"尺寸也、绳墨也、规矩也、衡石也、斗斛也、角量也、谓之法。"(《管子·七法》)治民需要法,法对任何人都是一样的,无偏无党,并且君主应以身作则,秉公执法,则百官"莫敢开私"。孔子在马厩失火后,问人不问马,尊重人的生命和价值。在平等待人方面,要推己及人,共情同理,既要"己所不欲勿施于人",还要"己欲立而立人,己欲达而达人"。墨子提出的"尚同"思想,希冀百姓与天子能够上下一心,意志能够统一于天志。王夫之认为"絜矩之道"就是"物之有上下四旁,而欲使之均齐方正,则工以矩絜之"。应以"絜矩之道"去度物、度人,就会天理显,"去所恶",进而认为"君子只于天理人情上著个均平方正之矩,使一国率而絜之",则国民就会"消其怨尤"而有孝悌之德,"国乃治"。

传统文化中形成了一种中正和善、天下为公的德行和基本价值取向。在制度创新中体现科学精神的平等精神,以及在此基础上的民主协商,彰显科学精神的制度创新是文化创新的重要体现。当一个社会真正建立起平等、民主、自由的社会制度,才能引领文化的创新、观念的创新、科学的创新,以此营造良好的社会人文环境。

科学精神的"普遍主义"是指科学是客观的实践活动,评价科学知识的唯一标准必须坚持实事求是的原则,即只能是已经被证实了的知识。科学是主体对客体的如实反映，必须摒弃个人意志这种特殊主义，以及研究者的国籍、种族、年龄、性别、宗教信仰、政治立场、个人品质、财产多寡、地位高低等社会属性。"普遍主义"还透显出科学的民主含义，个人的社会属性不是科学拒斥个体的理由，科学对所有人都是一视同仁，科学研究是一项自由的职业。制度在执行时能够符合科学精神的"普遍主义"，相比于制度制定中的"公有性"、制度遵守中的"有组织的怀疑"尤为重要。因为制度若不能公正实行，比没有制度造成的后果更为严重。科学精神的"普遍主义"，要求在制度面前人人平等，这就要求制度的设计理念，如公平、正义等理念和理论，既要成为制度赖以产生的思想源泉，也要真真切切地成为制度的内容，甚至作为制度的原则和灵魂而存在，只有以先进的理念武装和指导建立起来的制度，才是稳固的、长久的和有效的。否则，很容易使制度陷入哗众取宠、被人诟病的境地，使得以制度来解决问题成为空中楼阁，反而造成了被动的局面。

　　在制度执行中培育科学精神，体现出科学精神的民主性和关注大众的科学伦理精神，就要保证制度执行过程中，真正从实践出发，在实践活动中坚持问题导向和问题意识。毋庸置疑，制度的执行必须立足于实践，从广大人民群众的根本利益出发，在实践中集中群众智慧，形成决策判断。制度执行不能仅仅盯着领导者们的文件、讲话、决策随风而动、一哄而上，不能将其作为制度执行的起点和出发点，不能仅仅对文件、讲话、决策去进行论证、赞美和褒奖。执行制度应深入实践中，深入广大人民群众的生活中去考察、验证、检验，找到决策、方针的空白、不到位或者不全面的地方，在这些方面发扬制度创新的品格，为领导者制定更加全面、正确的制度和方针提供实践来源和资料佐证。这一过程，本身也是科学求真本质、实证精神的体现。

　　制度执行中要真正培育科学实证精神，就只能是从实践到认识、从实践到理论，必须克服制度创新的虚无性、抽象性、浮躁性，任何背离实践，从文本到文本、从认识到认识、从理论到理论的所谓制度创新，都违背了制度创新的实质和主旨,不能更好地发挥对实践的指导作用。中国的知识分子自古就追求"为天地立心,为生民立命,为往圣继绝学,为万世开太平"的品格,制度执行过程中应是对现实生活的反思、对矛盾和问题的理性批判,而不仅是对当前状况的诠释、论证,对当前理论合理性的肯定性辩护。把制度创新仅仅理解成为领导讲话、政策、方针提供理论支持,无益于不断推进实践创新;相反,持此态度和做法,反而会对质疑、批评声音无视、不能容忍,甚至打压,这实际上已经背离了马克思主义的认识论,违背了实践是检验真理的唯一标准,抛弃了科学实证精神,变成了以领导讲话和文件为指导思想的"本本主义",根本上既违背了科学精神,也无益于培育科学精神。

我国目前的制度已比较健全,但是制度制定出来之后,并不意味着制度能够有效地执行。"徒法不能自行","天下之事,不难于立法,而更难于法之必行"(张居正《请稽查章奏随事考成以修实政疏》),制度无法执行或者执行不到位的情况屡见不鲜,究其原因,既有制度本身不合理、不完善、不科学的问题,也有制度制定者主观上的问题。制度的执行应符合科学精神的"普遍主义",就是要求制度面前无特殊,尤其是各级、各部门的领导,本身是制度的制定者,同时作为制度的遵守者,更要以身作则、身先士卒,发挥模范带头作用。在遵守制度中培育科学精神,依靠制度来管权、管事、管人,若领导凌驾于制度之上,制度本身也就失去了说服力,"其身不正,虽令不从"(《论语·子路》),不仅会使制度成为泛泛之谈,意图通过制度来培育科学精神,也必将成为不切实际的空谈。实际上,科学精神和制度执行是一种相互合作的双向支持和促进关系,应以科学精神推动制度建设,在制度建设中培育科学精神。

(四)"以道制欲":制度的监督应符合科学精神的"无私利性"

"君子乐其道,小人乐其欲。以道制欲,则乐而不乱;以欲忘道,则惑而不乐。"(《荀子·乐论》)"鉴不能自照,尺不能自度,权不能自称,囿于物也。"

（吕坤《呻吟语·广喻》）在制度的监督层面,必须把责任明确到具体的部门,具体的个人,同时,在责任的承担方面,还必须要有禁止性规定,明确哪些行为是不能做的,还要有惩戒性规定,一旦违反了,需要承担什么样的责任后果。制度的监督部门,在追究责任时,既要使责任追究到具体的人和事,同时还要不仅仅局限于此,还要在追责的过程中,起到警戒的作用。在制度的监督中,要符合科学精神的"无私利性",即不能在监督过程中,以权牟利,中饱私囊。要严格按照制度办事,逐步推动制度建设的科学化,在制度监督中领会和培育科学精神。

就科学精神的"无私利性"而言,是通过摈斥以私害真,保证科学研究的目的是获取、发展科学知识。无私利性在保证科学研究动机方面,并非完全杜绝和禁止科学家的任何私利,只是科学家的私利与科学的根本利益相冲突时,必须把发展科学、追求真理放在首位。"无私利性"还表现为禁止科学家为获取私利而弄虚作假,为沽名钓誉而违反学术规范。科学研究和学术成果发表若是引用了他人的成果,必须予以注明或者鸣谢。将科学的客观性和严肃性置之度外,剽窃、作伪,把科学视为攫取名利的工具,那么,必定会受到科学共同体的唾弃。对制度的监督,也必须遵守法制化的规程,监督的过程,既然要符合科学精神的"无私利性",就必须实现从"人治"的管理方式向"法治"的管理方式的过渡。"法治"的管理方式,才是一种符合契约方式的新型文化观。若制度执行者和监督者仍然停留在"人治"的思维方式和文化背景中,不能接受民主和法治的新型文化观,那么科学精神中蕴含的民主精神和暗含的法治意识,是根本无法在"人治"的头脑中培育出来,不仅制度创新无法实现,而且必然会阻滞科学精神的培育,甚至会人为设置障碍。在制度的制定和执行上,会有所偏袒,目的在于实现自身利益的最大化,那么在制度的监督上,与科学精神要求的"无私利性",也会背道而驰。

制度的有效性除了制度本身的科学、合理之外,必然有赖于对制度的监督以保障其实施。制度的执行和监督必然涉及对人们利益的触碰,而对于一个深化改革的国家来说,合理有效地解决利益问题,得益于一整套合理化解利益冲突的制度机制,而这种机制的形成,是文化传统、现实问题、普通民众等各种力量博弈的结果。在制度的监督环节,真正做到"无私利性",往往存在诸多困难,譬如制度之间的衔接存在空位、制度的落实性不强、用来解决矛盾的可选择路径不多等问题。这些问题,导致制度的执行和监督方面,在社会的现实运转中,无法真正实现科学精神追求的"无私利性",导致了制度的执行和监督力度不够,不是按制度办事,反而是"潜规则"大行其道,这与在制度监督中培育科学精神,已是南辕北辙,相去甚远。

在制度的监督环节培育科学精神,"无私利性"要基于科学精神的民主性,从制度一开始的设计、形成、审议等环节,就要给社会大众参与和表达的机会,将各种利益诉求统筹其中,由此形成各种利益博弈的合力,达到一种利益的均衡,同时考虑到人们普遍能接受的传统文化心理,使最终形成的制度成为社会主流价值观的显现。唯有此,人们才会在心理上接受、信任该制度,在实际行动中会外化于行,在制度的监督环节,人们才会自觉地摈弃私利,按照法治和制度本身的要求予以监督,这本身就是科学的实事求是精神,也为培育科学精神铺设了良好的平台。

实际上,制度的监督环节,背后透显的仍然是制度的科学和公正问题,利益往往是衡量制度有效性的重要指标,形成机制的过程往往是制度有效化的过程,而监督环节的"无私利性",往往成为反映制度从制定、遵守、执行等环节的一个综合性问题。

总之,科学精神应与制度创新联系起来,科学精神并不仅仅为科学家或科学共同体所独有,科学精神更应成为一种时代精神,发挥其塑造国人价值观和思维方式的作用和价值,促进文明的传承因子——制度的创新。而中国传统文化中关于制度、体制的相关思想,亦应为我们进行制度创新提供文化指导。让优秀传统文化的人文、价值、智慧在科学精神的指导下,贯注到制度的创新中,使制度既具备了传统文化的深厚底蕴和文化根基,又具备了科学精神作为时代精神的特质，以此发挥制度引领社会生活、培育科学精神的媒介作用。

综上，在实现中华民族伟大复兴的过程中培育科学精神，对国家和社会来说，任重道远，对每一个人来说，责无旁贷。从观念、实践、学术、制度等方面培育科学精神，要在全社会逐步培育出求真的风尚，使每个人自觉地追求有系统的"真知识"，以及求"真知识"的科学思维方式；使科学精神成为一种生活方式，在实践生活中提高运用科学改造主观世界和客观实践的能力；使科学精神成为涵养伦理道德、恪守道德规范的基本评判依据，净化、纯化学术风气和环境；使科学精神能够推动制度建设，在制度建设中实现对科学精神的价值传承，以科学精神引领科学的发展、文明的进步和人民素质的提高。

第七章　结　论

　　人是自然属性和社会属性的统一，人身上的这种双重结构决定了主体在改造客体的实践活动中，既要遵循由自然属性决定的真理尺度，还要遵循由社会属性决定的价值尺度。这种既对立又统一的两种尺度，本质上也是以传统文化为代表的人文精神和科学精神之间的既矛盾又互补，科学精神与人文精神的融通是未来文化发展的必然趋势。"新人文主义不会排斥科学；它将包括科学，也可以说它将围绕科学建立起来。"①现代人文精神必须以科学理性精神为基础，把人从上帝和迷信中解放出来，人文精神建立在现实可靠的基础之上，人获得了真正的独立性，能够掌控自身的命运，从而人的尊严和价值也有了根本保障。而科学精神也必须将人文精神融贯其中，不能只按照自然的逻辑自由发展，人文精神内在的学理批判和价值导引，使得人类通过知觉、理解、体验的方式，在情感、意志、心理等领域，满足了对精神生活的需求，从而也保证了科学发展的正确方向。

　　正是因为传统文化和科学精神的这种相融贯通，所以，中国传统文化中丰富的人文精神、自然国学知识和科学思维方式等内容，可以成为培育、弘扬科学精神的宝贵思想资源。过分看重传统文化和科学精神研究范式的区别，认为其各行其道、互不相关的观点，显然是过时的。在当前的科学家群体中，不乏存在过于注重规矩、规范、理性，忽视、放弃了人文精神、人文素养

---

① 〔美〕萨顿：《科学史和新人文主义》，北京：华夏出版社，1989年版，第124页。

和人文关怀,表现为思想贫瘠、语言苍白、情感淡薄、刻板僵化的科研模式和生活方式。相比之下,社会科学家由于过分强调自由、个性、标新立异,又容易轻视、忽略客观规律,表现为科学理性精神和实证精神的不足,对规矩、规则、规范缺少足够的敬畏。正是这种有余和不足,传统文化视阈下培育科学精神,能够实现科学理性和人文情怀的互通有无、全面发展。科学研究作为一种智力创新活动,其中非智力因素,如想象、灵感、顿悟等因素,加之艺术的熏陶和滋润,能够为科学活动提供想象的翅膀、闪现的灵感和攻关的启发。传统文化中的神话传说,像女娲补天、精卫填海、夸父追日、嫦娥奔月等,对现在的航海、探月、潜艇、卫星、飞船等技术,可以成为研究的动因,而科技的飞速发展,也使神话传说能够成为现实。一定程度而言,没有大胆的想象,就没有科学的创新,通过人文精神中的优良品质、情感和意志,可以培养科学研究持之以恒的信念、有所担当的责任心和矢志不渝的进取心。

传统文化与科学精神具有共同的价值追求,传统文化视阈下培育科学精神是文化发展的时代要求,保证了人类行为既合规律性又合目的性,在塑造人的主观世界的同时改造了客观世界,丰富了人的知识内涵,提升了人生价值,有助于社会大众实现知、情、意的和谐发展,实现自我完善和全面进步,实现真、善、美统一的理想境界。传统文化视阈下培育科学精神,具备了人文素养的科技工作者,其专业知识、理论素养、思维方式和科学精神,使其能够在形形色色的文化形态中,以一种更加自觉和坚实的态度接受、笃定、践行优秀传统文化的价值观,做到了在求真的基础上以求善,因求善更加自觉地求真。优秀传统文化和科学精神的融合,能够使社会大众具备一种自觉的选择判断能力和目的性指向,而注入了正确价值诉求的改造客观世界的活动,也必然改造了主观世界,使认知活动、实践活动更加自觉自为。

从目前的文化环境来看,新时期我国科学精神培育的任务是繁重的,因为我们面对的是一个发展如此迅速的时代,这是一个文化共时性的时代,文化发展进程中所呈现的历史阶段在目前的世界几乎都能找到原型,尤其是西方发达的先进文明对我们所造成的文化困境。可以说,我们还没有完全实现现代化,没有完全建立工业文明,需要向西方成熟的工业文明取经,吸取他们先进的发展精神理念。传统文化视阈下科学精神培育的特点和重点,必须结合实现中华民族伟大复兴的时代主题和文化自信的宏观战略,要积极借鉴、吸收其他国家和民族进行科学精神培育的宝贵经验,在把握共性的同时体现出个性。

重视科学精神的培育工作是当今社会文明的发展趋势之一,我国已充分领略到了科学精神的巨大社会推动力和科技推动力,重视科学发展和科学精神培育的气氛也在逐步形成,科学精神也将逐渐融入伟大的民族精神当中,成为民族精神的崭新因素。传统文化可以为科学精神的培育提供丰厚的思想资源和科学因素,但是,传统文化毕竟是在特定的、漫长的历史时期下形成的思想财富,传统文化视阈下培育科学精神,也必然要经历历史的筛选和实践的检验,科学精神的培育工作在每一时期的侧重点也会有所不同。所以,科学精神培育工作不是朝夕之事、一蹴而就,我们还要继续深入探求传统文化视阈下科学精神培育的新领域、新路径和闪光点,赋予科学精神新的时代内容和文化内涵。

培育和弘扬科学精神,必然不能离开人们的社会实践,我们必须坚持马克思主义的指导,用马克思主义的立场、观点和方法,解决传统文化视阈下科学精神培育过程中出现的各种文化问题,既要实现传统文化的创造性转化和创新性发展,实现从传统到现代的平稳过渡;还要使科学精神的培育体现出中国国情和中国特色,注重时代性和民族性;用发展着的马克思主义提高广大人民群众的科学精神水平,使科学精神融入日常生活实践中。我们必须牢固树立和紧紧围绕中国特色社会主义的共同理想,扬弃传统文化中不合时宜的特定内容,深入挖掘传统文化有利于培育科学精神的思想资源,保证科学精神培育的正确方向和发展道路,在实现共同理想的伟大实践中,既涤荡和传承了传统文化,又使科学精神成为促进国家繁荣昌盛、实现社会发展进步和提高人民思想文化素质的强大精神力量。

　　传统文化是中华民族的文化印记,体现了文化深厚的民族性,是先人留给我们的一笔巨大的、宝贵的精神财富,但也给民族进步、国家发展带来了一定程度的文化负担,设置了一定的障碍和禁锢。理性对待民族的文化传统,是民族文化觉醒、文化自信的表现,实现传统文化的创造性转化和创新性发展,是对传统文化最好的传承。历史是自我改变的基础,也是自我改变的阻力,尽可能地减少阻力,使传统文化成为培育科学精神的承载,最大程度发挥其促进科学发展的文化功能。

　　总之,"从文化中我们可以读出那种发自内心地对生命、对社会和对宇宙的深度思考"。① 传统文化视阈下培育科学精神,就是要在"物化"世界建立精神家园,解决理想、信念、动力、凝聚力等问题,这一培育工作立足于中国特色社会主义的伟大实践,扬弃了中国传统文化价值观,具有深厚的民族文化根基;又以科学精神的视角来密切关注并回应传统文化现代化进程中的重大时代问题,通过求真精神、理性实证以培育道德规范,引领科学和文化发展,具有深刻的现实合理性。传统文化视阈下培育科学精神,融历史视域、时代精神、世界视野于一身,集民族性、时代性、世界性于一体,确立了文化理性精神,具有了不卑不亢的文化气度,成为中华民族文化自信的集中显现。在时间的延续和空间的普遍交往中,传统文化视阈下在观念、实践、学术、制度等方面培育科学精神,可以内聚国人、外塑形象,成为中国特色社会主义的文化印记,成为国家软实力的文化名片,也铺垫了增强、实现文化自信的康庄大道。

---

① 王泽应:《伦理精神自信是文化自信的核心和根本》,《道德与文明》2011 年第 5 期,第 19 页。

参考文献

[1] 〔德〕马克思,恩格斯. 马克思恩格斯选集(1～4 卷)[M]. 北京:人民出版社,2012.

[2] 毛泽东. 毛泽东选集(1～4 卷)[M]. 北京:人民出版社,1991.

[3] 邓小平. 邓小平文选(第 3 卷)[M]. 北京:人民出版社,1993.

[4] 江泽民. 江泽民文选(1～3 卷)[M]. 北京:人民出版社,2006.

[5] 胡锦涛. 坚定不移沿着中国特色社会主义道路前进　为全面建成小康社会而奋斗——在中国共产党第十八次全国代表大会上的报告[M]. 北京:人民出版社,2012.

[6] 习近平. 习近平谈治国理政[M]. 北京:外文出版社,2014.

[7] 冯友兰. 中国哲学史(全二册)[M]. 重庆:重庆出版社,2009.

[8] 梁启超. 中国近三百年学术史[M]. 北京:商务印书馆,2011.

[9] 胡适. 中国哲学史大纲[M]. 北京:中华书局,2015.

[10] 胡适. 中国思想史[M]. 上海:华东师范大学出版社,2015.

[11] 葛兆光. 中国思想史(三卷本)[M]. 上海:复旦大学出版社,2013.

[12] 梁漱溟. 中国文化要义[M]. 上海:上海人民出版社,2011.

[13] 梁漱溟. 东西文化及其哲学[M]. 香港:香港中文大学出版社,2000.

[14] 钱穆. 论语新解[M]. 北京:九州出版社,2011.

[15] 李泽厚. 中国古代思想史论[M]. 北京:生活·读书·新知三联书店,

2008.

[16] 李泽厚. 中国近代思想史论[M]. 北京:生活·读书·新知三联书店,
     2008.

[17] 李泽厚. 中国现代思想史论[M]. 北京:生活·读书·新知三联书店,
     2008.

[18] 张岱年,程宜山. 中国文化精神[M]. 北京:北京大学出版社,2015.

[19] 张岱年. 张岱年哲学文选[M]. 北京:中国广播电视出版社,1999.

[20] 白寿彝. 中国通史二十讲[M]. 北京:中国友谊出版公司,2013.

[21] 庞朴. 中国文化十一讲[M]. 北京:中华书局,2008.

[22] 庞朴. 一分为三——中国传统思想考释[M]. 深圳:海天出版社,1995.

[23] 费孝通. 中国文化的重建[M]. 上海:华东师范大学出版社,2014.

[24] 楼宇烈. 中国的品格[M]. 成都:四川人民出版社,2015.

[25] 柳诒徵. 中国文化史[M]. 北京:中华书局,2015.

[26] 侯外庐. 中国古代思想学说史[M]. 长沙:岳麓书社,2010.

[27] 汪震. 孔子哲学[M]. 长沙:岳麓书社,2012.

[28] 吕思勉. 先秦学术概论[M]. 长沙:岳麓书社,2010.

[29] 〔美〕杜维明. 二十一世纪的儒学[M]. 北京:中华书局,2014.

[30] 〔美〕成中英. 新觉醒时代——论中国文化之再创造[M]. 北京:中央编
     译出版社,2014.

[31] 汤漳平,王朝华. 老子[M]. 北京:中华书局,2014.

[32] 陈晓芬,徐儒宗. 论语·大学·中庸[M]. 北京:中华书局,2015.

[33] 方勇. 孟子[M]. 北京:中华书局,2015.

[34] 方勇,李波. 荀子[M]. 北京:中华书局,2011.

[35] 方勇. 庄子[M]. 北京:中华书局,2013.

[36] 方勇. 墨子[M]. 北京:中华书局,2015.

[37] 高华平. 韩非子[M]. 北京:中华书局,2015.

[38] 张君劢,丁文江,等. 科学与人生观[M]. 长沙:岳麓书社,2012.

[39] 郑师渠,史革新. 历史视野下的中华民族精神[M]. 广州:广东人民出版社,2014.

[40] 杨叔子. 弘扬与培育民族精神研究[M]. 北京:经济科学出版社,2009.

[41] 杨宪邦. 传统文化与现代化[M]. 北京:中国人民大学出版社,1987.

[42] 孙正聿. 人的精神家园[M]. 南京:江苏人民出版社,2014.

[43] 刘钝. 文化一二三[M]. 武汉:湖北教育出版社,2006.

[44] 张岂之. 中华优秀传统文化核心理念读本[M]. 北京:学习出版社,2012.

[45] 李宗桂. 传统与现代之间——中国文化现代化的哲学省思[M]. 北京:北京师范大学出版社,2011.

[46] 赵吉惠. 中国传统文化导论[M]. 南京:江苏教育出版社,2007.

[47] 李锦全. 儒学与当代文明——纪念孔子诞生 2555 周年国际学术研讨会论文集(卷一)[C]. 北京:九州出版社,2005.

[48] 张立文. 传统文化与东亚社会[M]. 北京:中国人民大学出版社,1992.

[49] 陈卫平. 反思:传统与价值——中国文化十二讲[M]. 上海:上海文艺出版社,1991.

[50] 陈来. 传统与现代:人文主义的视界[M]. 北京:生活·读书·新知三联书店,2009.

[51] 陈书禄. 中国文化概说[M]. 南京:南京大学出版社,2004.

[52] 鲁洪生. 传统文化与现代化[M]. 北京:国家图书出版社,2010.

[53] 张谦. 中华优秀传统文化概论[M]. 成都:成都科技大学出版社,1995.

[54] 阙道隆. 中国文化精要[M]. 北京:中国青年出版社,1994.

[55] 张继功. 中国优秀传统文化概论[M]. 西安:陕西师范大学出版社,1998.

[56] 李申申. 传承的使命:中华优秀文化传统教育问题研究[M]. 北京:人民

出版社,2011.

[57] 竺可桢. 竺可桢文录[M]. 杭州:浙江文艺出版社,1999.

[58] 席泽宗. 科技史十论[M]. 上海:复旦大学出版社,2003.

[59] 吴国盛. 科学的历程(第二版)[M]. 北京:北京大学出版社,2002.

[60] 李醒民. 科学论:科学的三维世界(上、下卷)[M]. 北京:中国人民大学出版社,2010.

[61] 孟建伟,郝苑. 科学文化前沿探索[M]. 北京:科学出版社,2013.

[62] 刘大椿. 科学活动论[M]. 北京:中国人民大学出版社,2010.

[63] 马来平. 科普理论要义——从科技哲学的角度看[M]. 北京:人民出版社,2016.

[64] 马来平. 探寻儒学与科学关系演变的历史轨迹——中国近现代科技思想史研究[M]. 上海:上海古籍出版社,2015.

[65] 洪万生. 中国人的科学精神[M]. 合肥:黄山书社,2012.

[66] 汪子嵩. 古希腊的民主和科学精神[M]. 北京:商务印书馆,2014.

[67] 田广林. 中国传统文化概论[M]. 北京:高等教育出版社,1999.

[68] 胡守钧. 科学精神[M]. 上海:上海科学技术出版社,2010.

[69] 〔美〕约瑟夫·列文森. 儒教中国及其现代命运[M]. 郑大华,任菁,译. 桂林:广西师范大学出版社,2009.

[70] 〔美〕萨顿. 科学的生命[M]. 刘珺珺,译. 上海:上海交通大学出版社,2007.

[71] 〔美〕弗·卡普拉. 转折点:科学·社会·兴起中的新文化[M]. 冯禹,译. 北京:中国人民大学出版社,1989.

[72] 〔美〕胡弗. 近代科学为什么诞生在西方(第二版)[M]. 周程,于霞,译. 北京:北京大学出版社,2010.

[73] 〔美〕R. K. 默顿. 科学社会学[M]. 鲁旭东,林聚任,译. 北京:商务印书馆,2003.

[74] 〔美〕罗伯特·金·默顿. 十七世纪英格兰的科学、技术与社会[M]. 范岱年，吴忠，蒋效东，译. 北京：商务印书馆，2000.

[75] 〔英〕李约瑟. 中华科学文明史[M]. 〔英〕罗南改编，上海交通大学科学史系，译. 上海：上海人民出版社，2014.

[76] 〔英〕贝尔纳. 科学的社会功能[M]. 陈体芳，译. 桂林：广西师范大学出版社，2003.

[77] 〔英〕卡尔·皮尔逊. 科学的规范[M]. 李醒民，译. 北京：商务印书馆，2012.

[78] 〔英〕梅尔茨. 十九世纪欧洲思想史（第1卷）[M]. 周昌忠，译. 北京：商务印书馆，1999.

[79] 季羡林. "天人合一"新解[J]. 传统文化与现代化，1993(1)：34-35.

[80] 张岱年. 中国文化的基本精神[J]. 齐鲁学刊，2003(5)：5-8.

[81] 钱穆. 中国文化对人类未来可有的贡献[J]. 中国文化，1991(1)：93-96.

[82] 匡亚明. 认真整理出版古籍弘扬优秀传统文化[J]. 中国典籍与文化，1992(2)：5-8.

[83] 汤一介. 融"中西古今"之学创"反本开新"之路[J]. 解放军艺术学院学报，2004(2)：12-18.

[84] 方克立. "马魂、中体、西用"：中国文化发展的现实道路[J]. 北京大学学报（哲学社会科学版），2010(4)：17-19.

[85] 刘纲纪. 略论中国民族精神[J]. 武汉大学学报（社会科学版），1985(1)：36-41.

[86] 陈先达. 中国传统文化的当代价值[J]. 中国社会科学，1997(2)：30-40.

[87] 〔美〕成中英. 寻求保留差异的中西马哲学会通之路[J]. 社会科学战线，2012(2)：44-52.

[88] 王南湜. 民族传统文化的复兴何以可能——一个基于文化之双层结构视阈的考察[J]. 江海学刊，2013(1)：45-52.

[89] 朱贻庭."源原之辨"与传统的继承和发展[J].道德与文明,2014(5):5-10.

[90] 刘爱武.弘扬中华优秀传统文化与提升当代中国文化软实力[J].思想理论教,2015(8):38-42.

[91] 黄宗良.社会主义先进文化的根基——试谈中华优秀传统文化在建设文化强国中的地位[J].新视野,2012(1):4-7.

[92] 李宗桂.试论中国优秀传统文化的内涵[J].学术研究,2013(11):35-38.

[93] 李宗桂.优秀文化传统与民族凝聚力[J].哲学研究,1992(3):46-55.

[94] 张鸿雁.中国传统文化新探[J].社会科学,1986(6):11-13.

[95] 韩东屏.分而后总:中国传统文化的当代价值与世界影响力[J].学术月刊,2010(8):17-25.

[96] 席泽宗.中国传统文化里的科学方法[J].自然科学史研究,2013(3):393-410.

[97] 龚红月.中国传统文化中的"序"和"变[J].学术研究,2002(8):46-50.

[98] 邵培仁,姚锦云.和而不同　交而遂通:中华优秀传统文化的当代价值[J].新疆师范大学学报(哲学社会科学版),2015(6):52-62.

[99] 辛秋水.传统文化与现代文明对接的若干问题[J].学术界,2010(2):26-34+284.

[100] 马佰莲,陈洪娟.传统文化与科技创新的融合——山东自然辩证法研究会学术会议综述[J].自然辩证法研究,2014(12):124.

[101] 马佰莲.马克思恩格斯科学文化观及其当代学术影响[J].马克思主义与现实,2015(3):62-69.

[102] 郝海燕.儒家文化与中国科学:现代新儒家的见解[J].自然辩证法研究,2004(11):69-73.

[103] 何宇宏,张征.传统文化影响下的思维模式及其现代遗存[J].求索,

2011(8):73-74+67.

[104] 吴以桥. 论中国传统文化对我国技术创新的消极影响[J]. 南京师大学报(社会科学版),2009(2):32-37.

[105] 孙利天,高苑. 自发自觉的辩证法:论中国传统文化的现代转化[J]. 吉林大学社会科学学报,2015(4):152-159+253.

[106] 熊黎明. 中国传统文化的现代转型[J]. 云南社会科学,2001(S1):63-66.

[107] 朱华贵,肖玮. 论传统文化传承与科技文化创新[J]. 学术界,2014(7):167-174+312.

[108] 林坚,马建波. 论中国文化传统对科技发展的双重作用[J]. 自然辩证法研究,2006(11):95-98.

[109] 张忠. 中华传统文化自觉之历史考察[J]. 科学社会主义,2014(6):84-87.

[110] 牛冲槐,杨玲,芮雪琴. 中国传统文化对科技型人才聚集的知识溢出效应分析[J]. 中国科技论坛,2009(11):121-124+139.

[111] 陈方正. 谈科学发展与传统文化的关系[J]. 自然辩证法研究,2015(6):3-8.

[112] 石中英. 中国传统文化阻碍创造性人才培养吗?[J]. 中国教育学刊,2008(8):1-6.

[113] 骆郁廷,王瑞. 论中华优秀传统文化价值观的现代转换[J]. 江汉论坛,2015(6):28-33.

[114] 辛秋水. 传统文化与现代文明对接的若干问题[J]. 学术界,2010(2):26-34+284.

[115] 周东娜. 中国传统文化的包容性发展及其当代启示[J]. 理论学刊,2014(12):114-120.

[116] 张造群. 优秀传统文化:中国文化走向世界的重要根基[J]. 社会科学

战线,2014(11):24-28.

[117] 金观涛,樊洪业,刘青峰. 历史上的科学技术结构——试论十七世纪之后中国科学技术落后于西方的原因[J]. 自然辩证法研究,1982(5):7-23.

[118] 李醒民. 科学精神和科学文化研究二十年[J]. 自然辩证法通讯,2002(1):83-89.

[119] 李醒民. 论科学中的人性意蕴[J]. 社会科学战线,2013(9):1-33.

[120] 李醒民. 知识的三大部类:自然科学、社会科学和人文学科[J]. 学术界,2012(8):5-33+286.

[121] 吴国盛. 科学精神的起源[J]. 科学与社会,2011(1):94-103.

[122] 白春礼. 弘扬科学精神　发展科学文化[J]. 求是,2012(6):27-28.

[123] 马来平. 科学文化普及的若干认识问题[J]. 山东大学学报(哲学社会科学版),2014(6):9-16.

[124] 马来平. 科技儒学研究之我见[J]. 自然辩证法研究,2015(6):14-20.

[125] 马来平. 儒学与科学具有根本上的相容性[J]. 自然辩证法研究,2016(8):9-15.

[126] 乐爱国. 儒学与中国古代农学——从孔子反对"樊迟学稼"说起[J]. 孔子研究,2003(4):51-57.

[127] 乐爱国. 儒家对生态和谐的追求——以朱熹《中庸章句》的生态观为中心[J]. 自然辩证法通讯,2014(3):101-106+128.

[128] 蔡德诚. 科学精神与人文精神不可分[J]. 民主与科学,2003(2):12-14.

[129] 夏从亚,刘冰. 科学、科学精神及其价值探讨[J]. 石油大学学报(社科版),2004(1):35-38.

[130] 夏从亚,梁秀文,孔巧晨. 试论把科学精神融入中华民族精神[J]. 自然辩证法研究,2015(3):81-85.

[131] 孔巧晨,夏从亚. 科学精神与当代中华民族精神的塑造[J]. 理论学刊,
2012(6):75-80.

[132] 袁豪. 简论科学精神与人文精神[J]. 法制与社会,2007(1):589-590.

[133] 徐淑英. 科学精神和对社会负责的学术[J]. 管理世界,2015(1):156-163.

[134] 苏丹. 论科学精神与人文精神之融合[J]. 学术交流,2013(1):59-63.

[135] 吴家德. 科学精神的当代价值[J]. 河北理工大学学报(社会科学版),
2007(2):5-8.

[136] 黄涛. 科学精神内涵及社会功能浅析[J]. 西南交通大学学报(社科
版),2002(4):12-15.

[137] 毛建儒. 论中国科学精神的特征[J]. 学习论坛,2010(2):47-50.

[138] 刘晓玉,童继平. 科学精神与人文精神之探讨[J]. 安徽农业科学,2005
(2):187-188+192.

[139] 施威,颜家安. 论科学精神及其传播[J]. 南京农业大学学报,2004(2):
58-63.

[140] 何善亮. 论科学精神的养育策略[J]. 教育理论与实践,2012(1):56-60.

[141] 徐炎章. 科技传播普及与科学精神培育[J]. 自然辩证法研究,2007
(5):78-82.

[142] 陈凯先. 树立科学观念　培育科学精神[J]. 科学与社会,2015(3):4-6.

[143] 许永祥. 论科学精神的培养[J]. 江苏社会科学,2009(S1):15-18.

[144] 谭九歌. 实证的本质是科学精神[J]. 教育科学研究,2014(7):1.

[145] 杨文采. 关于科学精神的体验[J]. 科学与社会,2014(1):132-138.

[146] 张云贵. 科学精神、实践本性与人文关怀——对马克思主义三种形态
的当代阐释[J]. 理论探讨,2013(3):67-69.

[147] 杜丽燕. 浅谈软实力、科学精神与人文精神[J]. 北京社会科学,2012

(3):10-14.

[148] 赵帅,司汉武,杨静.论道德中心文化对科学精神的消解作用[J].理论与改革,2012(2):104-107.

[149] 韩彩英.近代科学精神的伽利略式缔造[J].科学技术哲学研究,2011(6):37-41.

[150] 张相林.我国青年科技人才科学精神与创新行为关系研究[J].中国软科学,2011(9):100-107.

[151] 彭炳忠.弘扬科学精神:中国先进文化建设的基础性工程[J].湖南社会科学,2010(2):9-13.

[152] 欧阳聪权.论科学精神与人自身现代化[J].湖南社会科学,2009(4):18-20.

[153] 曾敏.毛泽东论科学精神[J].毛泽东思想研究,2011(1):40-47.

[154] 袁贵仁.关于价值与文化问题[J].河北学刊,2005(1):5-10.

[155] 韩震."民主、公正、和谐"体现了社会主义的核心价值追求——兼论社会主义核心价值观的凝练及其原则[J].红旗文稿,2012(6):8-12.

[156] 张涛甫.再谈核心价值观的构建与传播——兼论对西方文化产业的借鉴[J].东岳论丛,2012(11):32-35.

[157] 冯秀军,王淼.培育和践行社会主义核心价值观的几个基本问题[J].教学与研究,2014(8):67-73.

[158] 〔美〕安乐哲.中国传统文化的当代意义[J].马克思主义与现实,2008(4):6-8.

[159] 蒋道平.论科学精神及其对当代中国社会进步之影响[D].合肥:中国科学技术大学,2016.

[160] 陈然.试论钱伟长的科学精神及其影响[D].上海:上海大学,2012.

[161] 秦元海.论科学精神——兼析我国科学精神的缺失与培养[D].上海:复旦大学,2006.

[162] 董成雄. 中国优秀传统文化的系统解读和传承建构[D]. 厦门：华侨大学,2016.

[163] 李培锋. 马克思主义中国化视阈下中国传统文化现代化研究[D]. 兰州：兰州大学,2013.

[164] 许青春. 中国特色社会主义理论体系的传统文化基础研究[D]. 济南：山东大学,2012.

[165] 金忠严. 马克思主义与中国传统文化融合论[D]. 北京：中共中央党校,2011.

[166] 刘志国. 全球化背景下中国传统文化的现代转换[D]. 济南：山东大学,2007.

[167] Joseph R. Levenson. Confucian China and Its Modern Fate[M]. Berkeley,CA：University of California Press,1958.

[168] Fairbank JohnKing, Reischauer, Craig. East Asia[M]. Boston：Houghton Mifflin Company,1971.

[169] Marty Parker. Cultrue Connection[M]. New York：McGraw-Hill, 2011.

[170] Mozammel Huq. Science, Technology and Development[M]. New York：Routledge,1992.

[171] Martin MacDermott. The New Spirit of The Nation[M]. Montana：Kessinger Publishing, LLC,2009.

[172] Edward W. Said. Culture and Imperialism[M]. New York：Vintage, 1994.

[173] J. Lemons. Sustainable Development：Science,Ethics,and Public Policy [M]. Berlin：Springer,1995.

[174] Peter Kroes,M. Bakker. Technological Development and Science in the Industrial Age[M]. Berlin：Springer,1988.

［175］Bill Bryson. Really Short History of Nearly Everything［M］. New York：Random House US，2010.

［176］Frederick Copleston. A History of Philosophy，Vol 8［M］. New York：Random House US，1994.

［177］Lois Holzman. LevVygotsky：Revolutionary Scientist［M］. New York：Routledge，1993.

后　记

时间如白驹过隙，忽然而已。昨日入学的情景仍历历在目，今日已提笔书写文末致谢。三年的读博时光，既艰苦，又美好！

感谢我的导师夏从亚教授！夏老师的学术涵养和人格魅力，是我学习的榜样，对我的学术成长和人格重塑，都影响极大。夏老师为学既博大，又精深。博大，学问的旁征博引；精深，学问的钻之弥坚。从论文的选题、观点的推敲、文字的斟酌、逻辑的严谨，让我这个学术的门外汉，开始领略到学术的风景。生活中对我的指导，宽慰而切实际，亲切而不张扬，让我明白了人应当和气、正直地生活，深刻、宽容地处世。一日为师，终生为师，请夏老师今后一如既往地引领我！

感谢张荣华教授、朝克教授、张红霞教授、张福运教授、张瑞涛教授，感谢你们对我论文的打磨与润色！你们治学的精益求精与以身作则，是永远的典范！感谢王建军院长提供了这么好的工作室，面朝大海，极目远眺，对于读书人而言，还有什么比一个宁静的环境更为重要的呢？

"学问之道无他，求其放心而已矣"，对我来说，读博是一个自我发现的过程，让我内心更强大，让我逐渐涤去身上那种与生俱来、根深蒂固且永远挥之不去的自卑感，也让我今生以学问为矢志，且以之为乐！感谢老师和同学们对我的肯定，我因为不能辜负你们的期望而努力，我的努力又获得了你们的肯定，对我来说形成了一种良性循环。人生，又何尝不是为知遇之人的欣赏而活着?

感谢这么美丽的校园,在熙熙攘攘的清晨过后,在行色匆匆的夜晚来临之前,中午的阳光总是令人心旷神怡! 樱花、枫叶、路边的小草、漫山遍野的山菊花,带给我论文写作之余无尽的宁静与遐思。在我三十余岁的年纪,能重回校园读书,其幸若何!

士须弘毅,任重道远,学无止境,学术创新无止境。在久远传承的文化面前,我们个人的生命又是何其的短暂与渺小。学问之道,"资之深则取之左右逢其源",毕业,不是终点,而是新的起点,我还要更努力!

感谢家人对我的包容和支持,感谢团结奋进的 2014 级同学们的鼓励和帮助,感谢一直以来开导和点化我的各位良师益友! 一路前行,继续相伴!